编审委员会

学术顾问

杜国城　全国高职高专教育土建类专业教学指导委员会秘书长　教授
季　翔　江苏建筑职业技术学院　教授
黄　维　清华大学美术学院　教授
罗　力　四川美术学院　教授
郝大鹏　四川美术学院　教授
陈　航　西南大学美术学院　教授
李　巍　四川美术学院　教授
夏镜湖　四川美术学院　教授
杨仁敏　四川美术学院　教授
余　强　四川美术学院　教授
张　雪　北京航空航天大学新媒体艺术与设计学院　教授

主编

沈渝德　四川美术学院　教授
中国建筑学会室内设计分会专家委员会委员、重庆十九分会主任委员
全国高职高专教育土建类专业教学指导委员会委员
建筑类专业指导分委员会副主任委员

编委

李　巍　四川美术学院　教授
夏镜湖　四川美术学院　教授
杨仁敏　四川美术学院　教授
沈渝德　四川美术学院　教授
刘　蔓　四川美术学院　教授
杨　敏　广州工业大学艺术设计学院　副教授
邹艳红　成都师范学院　教授
胡　虹　重庆工商大学　教授
余　鲁　重庆三峡学院美术学院　教授
文　红　重庆第二师范学院　教授
罗晓容　重庆工商大学　教授
曾　强　重庆交通大学　教授

高等职业教育艺术设计"十二五"规划教材

ART DESIGN SERIES

办公空间设计教程

Office Space Design Course

邓宏 编著

国家一级出版社
全国百佳图书出版单位

西南师范大学出版社
XINAN SHIFAN DAXUE CHUBANSHE

图书在版编目（CIP）数据

办公空间设计教程/邓宏编著.—重庆：西南师范大学出版社，2006.11（2021.1重印）
全国高等职业教育艺术设计专业教材
ISBN 978-7-5621-3738-2

Ⅰ.办… Ⅱ.邓… Ⅲ.办公室－室内设计：空间设计－高等学校：技术学校－教材 Ⅳ.TU243

中国版本图书馆CIP数据核字(2006)第138029号

丛书策划：李远毅　王正端

高等职业教育艺术设计"十二五"规划教材
主　　编：沈渝德

办公空间设计教程　邓宏 编著
BANGONG KONGJIAN SHEJI JIAOCHENG

责任编辑：胡秀英　戴永曦
整体设计：王正端

西南师范大学出版社（出版发行）

地　　址：重庆市北碚区天生路2号	邮政编码：400715
本社网址：http://www.xscbs.com	电　话：（023）68860895
网上书店：http://xnsfdxcbs.tmall.com	传　真：（023）68208984

经　销：新华书店
排　版：重庆海阔特数码分色彩印有限公司
印　刷：重庆长虹印务有限公司
开　本：889mm×1194mm 1/16
印　张：6
字　数：192千字
版　次：2007年2月 第1版
印　次：2021年1月 第11次印刷
ISBN 978-7-5621-3738-2
定　价：42.00元

本书如有印装质量问题，请与我社读者服务部联系更换。读者服务部电话：(023)68252507
市场营销部电话：(023)68868624　68253705

西南师范大学出版社美术分社欢迎赐稿。
美术分社电话：(023)68254657　68254107

序

Preface 沈渝德

职业教育是现代教育的重要组成部分，是工业化和生产社会化、现代化的重要支柱。

高等职业教育的培养目标是人才培养的总原则和总方向，是开展教育教学的基本依据。人才规格是培养目标的具体化，是组织教学的客观依据，是区别于其他教育类型的本质所在。

高等职业教育与普通高等教育的主要区别在于：各自的培养目标不同，侧重点不同。职业教育以培养实用型、技能型人才为目的，培养面向生产第一线所急需的技术、管理、服务人才。

高等职业教育以能力为本位，突出对学生能力的培养，这些能力包括收集和选择信息的能力、在规划和决策中运用这些信息和知识的能力、解决问题的能力、实践能力、合作能力、适应能力等。

现代高等职业教育培养的人才应具有基础理论知识适度、技术应用能力强、知识面较宽、素质高等特点。

高等职业艺术设计教育的课程特色是由其特定的培养目标和特殊人才的规格所决定的，课程是教育活动的核心，课程内容是构成系统的要素，集中反映了高等职业艺术设计教育的特性和功能，合理的课程设置是人才规格准确定位的基础。

本艺术设计系列教材编写的指导思想是从教学实际出发，以高等职业艺术设计教学大纲为基础，遵循艺术设计教学的基本规律，注重学生的学习心理，采用单元制教学的体例架构，使之能有效地用于实际的教学活动，力图贴近培养目标、贴近教学实践、贴近学生需求。

本艺术设计系列教材编写的一个重要宗旨，那就是要实用——教师能用于课堂教学，学生能照着做，课后学生愿意阅读。教学目标设置不要求过高，但吻合高等职业设计人才的培养目标，有足够的信息量和良好的实用价值。

本艺术设计系列教材的教学内容以培养一线人才的岗位技能为宗旨，充分体现培养目标。在课程设计上以职业活动的行为过程为导向，按照理论教学与实践并重、相互渗透的原则，将基础知识、专业知识合理地组合成一个专业技术知识体系。理论课教学内容根据培养应用型人才的特点，求精不求全，不过多强调高深的理论知识，做到浅而实在、学以致用；而专业必修课的教学内容覆盖了专业所需的所有理论，知识面广、综合性强，非常有利于培养"宽基础、复合型"的职业技术人才。

现代设计作为人类创造活动的一种重要形式，具有不可忽略的社会价值、经济价值、文化价值和审美价值，在当今已与国家的命运、社会的物质文明和精神文明建设密切相关。重视与推广设计产业和设计教育，成为关系到国家发展的重要任务。因此，许多经济发达国家都把发展设计产业和设计教育作为一种基本国策，放在国家发展的战略高度来把握。

近年来，国内的艺术设计教育已有很大的发展，但在学科建设上还存在许多问题。其表现在缺乏优秀的师资、教学理念落后、教学方式陈旧，缺乏完整而行之有效的教育体系和教学模式，这点在高等职业艺术设计教育上表现得尤为突出。

作为对高等职业艺术设计教育的探索，我们期望通过这套教材的策划与编写构建一种科学合理的教学模式，开拓一种新的教学思路，规范教学活动与教学行为，以便能有效地推动教学质量的提升，同时便于有效地进行教学管理。我们也注意到艺术设计教学活动个性化的特点，在教材的设计理论阐述深度上、教学方法和组织方式上、课堂作业布置等方面给任课教师预留了一定的灵动空间。

我们认为教师在教学过程中不再是知识的传授者、讲解者，而是指导者、咨询者；学生不再是被动地接受，而是主动地获取，这样才能有效地培养学生的自觉性和责任心。在教学手段上，应该综合运用演示法、互动法、讨论法、调查法、练习法、读书指导法、观摩法、实习实验法及现代化电教手段，体现个体化教学，使学生的积极性得到最大限度的调动，学生的独立思考能力、创新能力均得到全面的提高。

本系列教材中表述的设计理论及观念，我们充分注重其时代性，力求有全新的视点，吻合社会发展的步伐，尽可能地吸收新理论、新思维、新观念、新方法，展现一个全新的思维空间。

本系列教材根据目前国内高等职业教育艺术设计开设课程的需求，规划了设计基础、视觉传达、环境艺术、数字媒体、服装设计五个板块，大部分课题已陆续出版。

为确保教材的整体质量，本系列教材的作者都是聘请在设计教学第一线的、有丰富教学经验的教师，学术顾问特别聘请国内具有相当知名度的教授担任，并由具有高级职称的专家教授组成的编委会共同策划编写。

本系列教材自出版以来，由于具有良好的适教性，贴近教学实践，有明确的针对性，引导性强，被国内许多高等职业院校艺术设计专业采用。

为更好地服务于艺术设计教育，此次修订主要从以下四个方面进行：

完整性：一是根据目前国内高等职业艺术设计的课程设置，完善教材欠缺的课题；二是对已出版的教材在内容架构上有欠缺和不足的地方进行补充和修改。

适教性：进一步强化课程的内容设计、整体架构、教学目标、实施方式及手段等方面，更加贴近教学实践，方便教学部门实施本教材，引导学生主动学习。

时代性：艺术设计教育必须与时代发展同步，具有一定的前瞻性，教材修订中及时融合一些新的设计观念、表现方法，使教材具有鲜明的时代性。

示范性：教材中的附图，不仅是对文字论述的形象佐证，而且也是学生学习借鉴的成功范例，具有良好的示范性，修订中对附图进行了大幅度的更新。

作为高等职业艺术设计教材建设的一种探索与尝试，我们期望通过这次修订能有效地提高教材的整体质量，更好地服务于我国艺术设计高等职业教育。

前言
Foreword

当今社会，随着商业环境的不断变化，客户面临着激烈的竞争。在竞争残酷的大环境下，公司所面临的难题是怎样不断地创新并保持强有力的竞争优势的，再就是人们所从事的工作类型的转化。因为，我们正经历着一个以工业经济为主体向知识经济转化的转轨期。办公场所作为一种经营工具，必须尽可能地为获取最大利润提供空间。因此，对工作环境进行设计已成为一个新的行业，设计师们采用新的技巧、方法对工作环境进行有新意的设计，使工作空间更具活力，能给客户带来更大的效益，而非仅仅停留在美化办公环境这一目的上。

工作空间设计得当与否取决于设计本身能否体现出公司的商业特性，而成功的设计则必须能为公司的商业行为带来经济效应。设计师必须敏锐地把握好自身的资源优势，去适应这个市场。

本教材还为学生提供了大量设计师的优秀作品，那富于创新精神的设计正在打破传统的约束并摒弃了以往主宰办公空间设计的陈旧陋习，力求将现代办公空间设计的新理论、新思维及新方法融入其中。为强化、培养高等职业设计艺术人才的应用能力，本教材重点是在阐述现代办公空间设计的基本概念、原理、方法和技巧。在培养学生市场调查分析能力的基础上，通过教学实践，使学生具备一定的创意能力和艺术表现能力，使学生在设计观念上与时代同步。

目录 Contents

教学导引 1

第一教学单元 室内空间设计原理和办公空间设计原则与程序 3

一、室内空间设计的基本原理 3
(一) 充分利用空间 3
(二) 原结构形式的利用 6
(三) 空间的弹性利用 7
二、办公空间设计原则 11
(一) 建筑空间的再创造原则 11
(二) 功能性原则 12
(三) "人的主体性"和"环境的整体性"原则 13
三、办公空间设计的基本程序 13
(一) 访问调查 13
(二) 观察 14
(三) 确立建筑数据 14
(四) 整理搜集所得信息 14
(五) 分析数据 14
(六) 解析数据并列表 14
单元教学导引 15

第二教学单元 办公空间设计方法 16

一、办公空间类型 16
(一) 开敞办公空间 17
(二) 封闭办公空间 18
(三) 流动办公空间 20
(四) 动态办公空间 22
(五) 静态办公空间 24
(六) 结构办公空间 25
(七) 虚拟办公空间 25
二、办公空间的分隔与组合 29
(一) 办公空间的分隔和联系 29
(二) 办公空间的组合 33
三、办公空间设计规范 38
(一) 办公空间尺度 38
(二) 办公空间的布置分类 41
(三) 办公空间界面处理 45
(四) 室内办公空间整体感的形成 49
四、办公空间设计方法 51
(一) 气泡图设计方法 52
(二) 块状图设计方法 53

(三) 采光、照明的整体布局 55
单元教学导引 56

第三教学单元 办公空间设计表现 57

一、形态学的表现方法 58
(一) 实体形态的创造表现 59
(二) 实体形态的相关要素 59
二、室内色彩与办公空间设计 65
(一) 室内色彩设计心理学及其他要素 65
(二) 室内色彩与空间 65
(三) 室内色彩的体现风格和个性 68
(四) 室内色彩可调节心态 68
(五) 办公空间设计中的色彩运用 69
三、办公空间的采光、照明设计 70
(一) 室内采光、照明的宗旨 71
(二) 办公空间的采光设计 72
(三) 设计"静"态与"动"态相联系的光照效果 72
四、办公空间绿化植物的选用 76
(一) 根据植物条件选用 76
(二) 根据室内条件选用 76
(三) 根据室内绿化植物的位置选用 76
单元教学导引 79

第四教学单元 办公空间发展趋势 81

一、另类办公方式 81
(一) 家庭办公方式 81
(二) 旅馆办公方式 82
(三) 轮用与客座办公方式 83
二、新型办公空间 83
(一) 景观办公空间 83
(二) 智能办公空间 83
(三) 移动办公室 85
(四) 共享办公室 85
(五) 飞机座舱办公室 85
单元教学导引 86

后记 87

主要参考文献 87

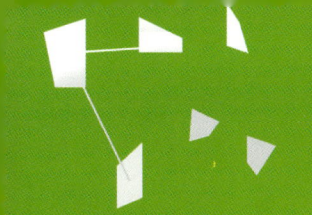

教学导引

一、教程基本内容设定

本教程的内容设定是基于对培养目标的考虑和教学大纲课时的限制，从室内环境设计体系构架中选择和组织了"室内空间设计原理和办公空间设计原则与程序"、"办公空间设计方法"、"办公空间设计表现"、"办公空间发展趋势"四个板块的内容，构成一个思维技术体系。这个思维技术体系是从事室内设计必备的基本素养及应用能力，是能够达到高职艺术设计人才培养目标的。

二、教程预期达到的教学目标

本教程设定的目标也是教程预期要达到的目标，即通过本教程设定的基本内容的有效实施，通过室内空间环境设计的教学，要求学生懂得室内空间设计原理与办公空间设计程序、办公空间设计及方法、办公空间设计表现、空间组织特征和造型要求，了解室内设计的基本内容、方法，对办公空间的色彩处理、材料特征和应用照明构想及陈设品的设置等有深入的认识和理解，掌握空间组织、结构处理、界面造型的基本方法。学生经过学习和实践训练，能基本具备一定的设计能力。

三、教程的基本体例架构

根据教学大纲的要求确定单元教学目标，教师及学生应该把握的教学重点和学习重点在单元教学导引中也有提示，并且每一单元结束有命题作业、教学过程注意事项提示、单元教学总结、思考题及课余作业练习题、参考书目等。

在理论表述上，本教程依照逻辑顺序，将不同的理论层面纳入不同的教学单元，理论阐述注重选择重点，简洁明确，条理性强，易懂、易把握，不求全求深，注重时代性。通过理论学习、设计案例教学，培养学生独立创作的思维能力及动手能力。

四、教程实施的基本方式及手段

本教程实施的基本方式：教师讲授、多媒体辅助教学、市场调查、师生互动、小组讨论、作业练习等。

教师理论讲授这种传统的方式仍然必不可少，教师通过对系统的理论讲授，目的是使学生通过系统的理论学习，对教程内容所涉及的基本理论与观念有一个清晰的概念，并且能准确把握。

多媒体实例教学使得应用教学的过程变得直观而实际，对经典作品的分析，更有利于学生对教学内容的接受和把握，能使学生较好地掌握办公空间的设计理论和方法。

市场调查也是本课程学习中不可缺少的环节。设计艺术学科是应用性很强的学科，设计要以受众为中心，它必须建立在市场调查的基础上，否则设计就没有施展的空间。

师生互动、小组讨论是现代教育必不可少的教学环节。设计教育注重过程教学，这样的教学方式不仅能培养学生的思维能力，而且对培养学生的团队精神、主题意识，对学生毕业后的就业、适应社会要求等方面都会打下一个良好的基础。

单元作业训练同样是不可缺少的重要学习部分，设计学科的学习总是要通过实践来检验其学习效果，设计理念必须要通过实践来实现。

五、教学部门如何实施本教程

教学部门可以将本教程作为教材来使用，以规范教师的教学行为，督促教师以一种科学合理的方式进行教学，这样就有利于保证教学质量。

对学生来讲，有了教材就会对本教程的整个实施过程、本课程要求达到的预期目的有一个全面的了解，对教学内容有一个基本的把握，对课程、作业要求做到心中有数，以便在学习过程中很好地配合教师教学，从而取得好的教学效果。

六、教程实施的总学时设定与安排

办公空间设计教程作为室内设计专业的一门主干课程，与室内空间设计一样，都是今后学生就业的一个渠道，在许多高等专科学校的教学中都做了重点安排。办公空间设计的课程可安排在二年级下期，在6周之内（每周12学时，共计72学时）完成。

七、任课教师把握的弹性空间

设计艺术教学本身就要求教师在统一教学计划的规范下具有个性化教学特点。教师在实施本教程时可根据学生的素质和学习状态以及学时安排，或深化，或延伸。在教学形式上可以将集中讲授与分组教学相结合，充分体现个性化教学作用；在课堂思维训练方面，可以选择一些能启发学生思维的作业命题，以快题的形式出现，以此来训练学生的快速反应能力。

第一教学单元

室内空间设计原理和办公空间设计原则与程序

室内空间设计的范围十分广泛，小到小型住宅及工作间，大到复杂的商业空间和公共建筑设施。某建筑师说过："空间基本上是由一个物体同感觉它的人之间产生的相互关系所形成的。"空间是物质延续性的存在形式，离不开人的作用，但又不依赖于人的意识而存在，它是客观实在的，又是有限和无限的统一。

空间与人发生联系就产生了"环境"，人们生活、工作于这个环境中，并且常常在不知不觉中被这个环境所影响或作用于这个环境。办公空间设计就是针对人们的工作方式进行符合这种工作方式的工作场所的空间设计。空间的有效使用和其功能的完善，就是办公空间设计的意义，也是一项复杂的任务。

一、室内空间设计的基本原理

空间设计指的是对整个空间规划、布置的过程。从设计者接到设计任务开始到我们绘制气泡图和平面图，这个过程称为预设计过程。在这一设计过程中，还必须做一些必要的工作，即资料搜集、调查、分析和解释等。

（一）充分利用空间

室内空间设计是对建筑原有结构以及围合面所形成的内部空间进行的再创造，使其更加符合人们在室内空间中进行各种活动的要求，满足人们的物质及精神方面的不同需求。虽然建筑本身形成的原始内部空间或多或少地反映了建筑的特征，但仍有一些空间无论在功能使用方面还是在空间造型的艺术处理方面都不尽如人意，存在着这样那样需要解决和完善的问题，这就需要我们在空间的利用方面进行再创造，比较典型的就是对大空间的充分利用。

空间的充分利用，有使用功能的需求，也有精神功能的需求。有时候在大空间各方面都比较理想的情况下，空间的利用主要是为了满足人们精神上的需要。(图1-1-1～图1-1-5)

图1-1-1　充分利用空间，反映周围自然景观，反映人们的需求和希望，展示最先进的高科技办公室技术。
图1-1-2　充分利用空间，完成办公空间设计。

图1-1-1

图1-1-2

图1-1-3 合理利用空间,营造办公气氛。
图1-1-4 充分利用空间,合理布局,展现办公功能。
图1-1-5 充分利用空间,在大空间中营造气氛,满足人们的精神需要。

（二）原结构形式的利用

我们在对建筑原空间再创造的同时，不要忘了室内空间造型是建立在由建筑结构形式造就的原空间基础之上的。建筑空间是人们通过物质材料从自然空间中围隔出来而形成的各种各样的室内原空间。原结构形式对室内空间造型起着重要作用，对室内空间整体效果的创造和审美意境的发挥起着其独特的魅力。（图1-1-6～图1-1-9）

图1-1-6　利用原结构形式让空间看起来似隔非隔，具有通透性、流动性，对创造办公空间环境具有其独特的魅力。
图1-1-7　建筑构件在办公空间中的充分利用
图1-1-8　对建筑构造的利用
图1-1-9　对原建筑结构的充分利用

图1-1-7

图1-1-8

图1-1-6

图1-1-9

因此，在现代技术日益发达的今天，如何利用、驾驭建筑的原结构形式，使之更充分地融入办公空间，是我们在设计中面临的一个难题。

（三）空间的弹性利用

不同类型的空间均有其不同的使用功能和特征。如会议室主要用来开会，餐厅主要用来就餐，歌舞厅主要用于娱乐表演，商场主要用于满足购物要求等等。这些空间都有其独特的使用要求和空间特点。但有的空间就使用功能来讲具有很大的灵活性，也就是说对空间的利用需要掌握一定的灵活多变性，以满足人们对空间各种各样的使用要求，这也就是对空间的弹性利用。（图1-1-10、图1-1-11）

图1-1-10 空间使用具有较强的灵活性，可满足不同的办公需求。

图1-1-11 用玻璃隔断的形式来区分空间的各种使用功能，很好地体现了空间的弹性关系。

空间的弹性利用在室内空间造型设计中是一个不容忽视的重要方面,它可以改变空间的大小、尺度,也可以形成新的空间效果,造成一种新的空间气氛,以至影响到人对空间的心理感受。可见,空间弹性利用的最大特点就是多功能。对空间的弹性利用,下面归纳出一些常见方法:

1. 活动隔断

利用活动隔断,可以将一个空间分隔成许多小空间。空间可分可合,隔断可高可矮,分隔出的空间可封闭也可以半通透,以满足各种使用要求。(图1-1-12～图1-1-14)

图1-1-12　空间再创造原则在办公空间中的运用
图1-1-13　利用活动隔断分割的开敞式办公空间,空间组合紧凑合理,区域划分明确。
图1-1-14　空间围合在办公空间中的运用
图1-1-15、图1-1-16　活动顶棚在办公空间中的合理运用
图1-1-17～图1-1-20　活动地面在办公空间中的运用

图1-1-12

图1-1-13

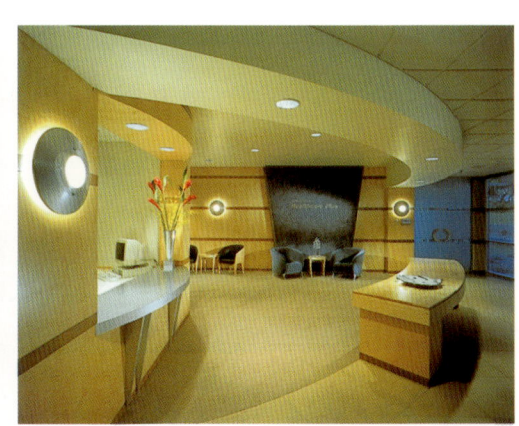

图1-1-14

2. 活动顶棚

顶棚通过机械装置可以升降或平移,借以改变室内空间的尺度、比例,甚至还可以将顶棚移开变成露天或半露天形式的空间,既给人以奇特的心理满足,同时又能适应多功能要求。(图1-1-15、图1-1-16)

3. 活动地面

通过地面的升降、伸缩,既可丰富功能使用时的时空变化,又可改变其使用功能的性质。(图1-1-17～图1-1-20)

图1-1-15

图1-1-18

图1-1-16

图1-1-19

图1-1-17

图1-1-20

4. 灯光变幻

在有的室内空间中，通过灯光的变幻也可以形成不同的使用效果。因为不同的功能，对光的要求不一样：会议室有会议室的要求，办公间有办公间的要求，多功能厅有多功能厅的要求……。有时，在空间中进行灯光设计，可同时考虑到这些因素，从而更好地使空间满足弹性化和多重要求。（图1-1-21～图1-1-23）

图1-1-22

图1-1-21　自然采光与人工照明相结合的办公空间
图1-1-22　人工照明充分体现出办公空间中的重点照明设计
图1-1-23　不同的灯光变化在办公空间中有不同的效果

图1-1-21

图1-1-23

图 1-2-1　体现办公空间的功能性
图 1-2-2　形状追随功能在办公空间中的具体使用
图 1-2-3　形状功能在办公空间中的运用
图 1-2-4～图 1-2-7　各种造型元素在办公空间设计中的不同运用，可实现不同的效果。

二、办公空间设计原则

（一）建筑空间的再创造原则

室内办公空间不但能够反映人们的生活活动和社会特征，表现人类的文明和进步，而且还影响着人们的各种社会活动，制约着人和社会的观念与行为。人们的生活方式能在室内空间艺术中得到体现和满足，这也正是展现室内空间文化价值的必然前提。

室内空间由许多具有不同特质的因素共同形成，诸如内部空间结构形成的围合以及色彩、照明、材质、绿化、室内陈设等，都对室内空间效果起着重要的作用。令人愉悦的空间，如果未辅以围合界面，也是不能创造美观的空间环境的。（图 1-2-1～图 1-2-3）

办公空间的创造在传统的基础上也有了很大的突破，设计者们根据物质和精神功能的双重要求，打破了室内外及层次上的界限，并着眼于空间的延伸、穿插、交错、复合、模糊、变换等不同空间造型的创造，呈现出由简单向复杂、由封闭向开敞、由静态向动态、由理性向感性转换的态势，逐步形成了现代办公空间设计的新理念。正如日本建筑师丹下健三所说的那样："在现代文明社会中，所谓空间，就是人们交往的场所。因此随着交往的发展，空间也不断地向更高级、有机化方向发展。"（图 1-2-4～图 1-2-7）

图 1-2-1

图 1-2-2

图 1-2-3

图 1-2-4

图 1-2-5

图 1-2-6

图 1-2-7

（二）功能性原则

满足功能要求是判断一个室内空间设计优劣的起码准则。功能是设计中最基本的，也是最"原始"的层次，功能反映了人对室内空间在舒适、方便、安全、卫生等各种使用上的要求。我们进行办公空间设计就是为了改善人们的办公环境，满足人们工作和心理上的需要。可见，一个符合功能性设计的办公空间与使用者和使用者的目的直接相关。

功能的实现需要用一定形式来表现，但"形状追随功能"的理解不能只停留在抽象的概念上，尤其不能用简单的方法生搬硬套，应当研究空间内部相互联系的复杂性，这样才能达到形式与功能的完美结合。（图1-2-8、图1-2-9）

1．人的各种需要：集体需要、个人需要、偏爱的事物、偏爱的颜色、特定的场所、特别的兴趣等。

2．地点的需要：个人空间、私密性、相互的影响、交通流线等。

3．分析活动的性质：主动还是被动、有声还是安静、公众小规模的还是私人多功能的等。

4．行为需要：私密感与领域感、交通流线、灵活性（弹性要求）、光照、音响品质、温湿度、通风性等。

5．室内空间所需要的质量：舒适、安全、多样化、灵活性、风格、耐久性、维护保养等。

6．确定可能的安排：功能分区、专用的安排、灵活的安排，最终应达到的空间意想中的质量等。

综上所述，空间是与功能有直接联系的形式要素，办公空间形式必须适合于功能要求。

功能对于空间的规定，首先表现为量和形两个方面，但仅有量和形的适应还不够，还要使空间在质的方面也具备与功能相适应的条件，诸如采光、通风、日照等。

1．与功能需要相关的内容：空间关系的布局、环境的比例尺度、交通路线的安排、家具的陈设与布置、灯光设计、照明设计、绿化设计、通风设计、设备安排。

2．与空间形式相关的内容：形态结构、明度设计、材质效果、色彩处理、比例尺度、整体气氛。

3．与设备构造相关的内容：电器设备、通风设备、通讯设备、消防设备、施工方法、装饰材料。

空间是与功能有直接联系的形式要素，它的大小差别是功能对于空间量的规定性反映；形状的差别是功能对于空间形的规定性的反映；其中涉及的交通、采光、通风、温湿、吸音、隔声度等是功能对于空间质的规定性反映。

图1-2-8

图1-2-8　办公空间中的文脉关系
图1-2-9　办公空间中的共生环境

图1-2-9

第一教学单元　室内空间设计原理和办公空间设计原则与程序

图1-2-10　运用多种手段，保持空间持续性。
图1-2-11、图1-2-12　文化因素在特定的环境中的互动关系

图1-2-12

图1-2-11

（三）"人的主体性"和"环境的整体性"原则

人的主体性体现在三个方面：第一是多元化，强调最大限度地满足各种人的多元化审美趣味的审美需要；第二是参与，即通过多种渠道和方式参与环境艺术的创造；第三是共享，不同人种、民族、阶层、观念和生活方式的人，通过各种形式而共处共享。

办公环境的整体性体现在两个方面：第一是共生，即多种艺术门类兼容共生，各种艺术手段的表现方式融为一体；第二是文脉，即强调办公空间范围内的环境各因素与环境整体保持时间和空间的连续性，建立和谐的空间关系。（图1-2-10～图1-2-12）

办公空间设计，是多种个体文化因素在特定的室内环境中互动而成的、具有新的整体功能的宏观结构，并有其相对的独立性。因此，对办公空间环境的整体性把握是设计的一个关键因素。

三、办公空间设计的基本程序

以开始某一项目的设计为开端，完成各种分析，而后以进入实际的规划布置阶段为结束，这就是办公空间设计的基本程序。尽管设计师们所使用的各种技术和术语不尽相同，但一项设计的基本创作过程一般可以分为几个步骤，概括为：

（一）访问调查

1．在行政级对该组织进行的总体调查；
2．在管理级对部门进行的功能调查；
3．在操作级对工作流程及设备细节进行的调查。

（二）观察

观察现有设施了解情况，即了解是否需要完全或部分地再使用现有家具和设备的情况，了解大量现有家具设备的目录和尺寸。

1．协助性观察；
2．谨慎的观察；
3．列出能被再次使用的现有家具及设备的清单。

（三）确立建筑数据

1．获得完整的基本平面数据（包括建筑平面图及结构图）；
2．搜集相关资料（建筑的、历史的、社会的）。

（四）整理搜集所得信息

整理搜集所得信息即整理出初步阶段的方案。

1．总结已确定的量化数据，包括各建筑的尺寸、家具和设备的数量、设备尺寸等；
2．记录初步的设计概念。

（五）分析数据

1．研究规划中的各种关系：工作之间的相互关系、公共与私密空间的分区、特殊声学要求等等；
2．发现图面关系，即最大限度地使用空间；
3．识别设计和建筑的关系（场地、结构的状况）。

（六）解析数据并列表

1．阐述设计阶段有关的功能问题；
2．确立设计理念（从社会以及审美的角度）；
3．准备好关系图或邻接图（呈现给客户或者设计师）。

整个设计的过程就是一个综合的过程，即把许多根本不同的因素结合到一起成为一个有用的整体。实现创造性的飞跃，即从分析过程到绘制第一个实际方案的飞跃。如果设计前的工作做得非常深入，设计者就会有更加接近实际的解决方案，创造性的飞跃也会来得更快捷，变得更简单。

当我们进一步深入到办公空间设计阶段时，在对每个房间和空间进行实际设计过程之前做一个全面、准确的尺度概算是非常重要的。对于一些特定空间，需要的尺寸可以相对轻松地快速标注。一般来说，设计师只要运用以前在实际工程中积累而得的功能的经验，就能估计出大概的平面尺寸（不需要画图或者计算）。

了解典型家具的尺寸、排列方式、家具与家具之间的空间关系，这对于设计师是非常关键的一步，否则将不能以一定的速度完成整个设计。

在预设计阶段，绘制原型、规划草图除了可以满足估算尺寸的需求之外，还有一个好处，就是要培养对每个空间具体要求的直觉，并依靠这种良好的直觉来更好地分配每个空间（方形或长方形）的比例、立面位置、入口、内部家具和陈设之间的关系。

单 元 教 学 导 引

目标与要求	本单元旨在了解空间设计的基本原理、办公空间设计的基本程序，正确认识建筑空间的再创造原则、功能性原则、"人的主体性"和"环境的整体性"原则。 要求学生在对室内空间设计有初步的认识、对办公空间设计的基本原理有所了解和懂得办公空间设计程序、理解办公空间设计的基本原则的基础上，需配合练习和本单元提供的思考题来加深理解。
重点	学生应该掌握室内空间设计的概念，把握办公空间设计基本原则，懂得办公空间设计的基本程序，特别注意办公空间设计前期的市场调查，并对现代办公空间的发展、市场需求有所了解和认识，对办公空间设计有一个全面的认识。
注意事项提示	本单元是学生进入该课题学习的初始单元，老师应注意引导学生进入对该课题的学习，使学生对该课题的学习产生兴趣，并通过有代表性的相关例子的讲解，使学生加深对本单元学习内容的理解和认识。
小结要点	通过本单元的学习，学生对教学情况的反应如何，对学习办公空间设计是否有兴趣，对空间设计的基本原理能否理解和掌握。学生应对建筑空间再创造原则准确把握并加以总结，教师应总结学生作业中普遍存在的问题，提出有效的解决方法。

为学生提供的思考题：
1. 空间设计的基本概念是什么？
2. 办公空间设计有哪些程序？
3. 办公空间设计的基本原则是什么？

学生课余时间的练习题：
赏析具有代表性的设计作品。

为学生提供的本单元的参考书目：
《室内环境设计原理》朱钟炎　王耀仁　王邦雄　朱保良　同济大学出版社　2003年6月
《室内设计原理》陆震纬　同济大学出版社　2004年7月

本单元作业命题：
选择一套办公空间的室内设计图进行分析。

作业命题的原由：
学生通过本单元的学习，虽然对空间设计原理、办公空间设计原则以及办公空间设计程序有一定的了解，但对于这些原则在设计中是如何运用的并无实际感受，所以需通过对设计作品的分析来加深对本单元所学内容的理解。

命题设计的具体要求：
了解该作品，经过分析讨论，写出书面分析报告。

命题作业的实施方式：
学生分小组进行讨论。

作业规范与制作要求：
用A4纸，手写、打印均可，2 000～3 000字。

第二教学单元
办公空间设计方法

随着社会的进步，人们的生活方式和工作方式有了显著的变化，以现代科技为依托的办公设施日新月异，办公模式多样而富有变化，对办公环境、行为模式，人们从观念上不断增添了新的内容和新的认识。

一、办公空间类型

日益发展的科技水平和人们不断求新的开拓意识，使得人们的工作方式、工作环境有了很大的改变，对工作方式和工作环境的需要提出了新的要求，因此，孕育出了多种类型的办公空间。

室内空间可分为封闭空间和开敞空间两大类。和外部空间联系较少的称为封闭空间；和外部空间联系面较大的称为开敞式空间。开敞式空间的主特点是墙体少，空间与空间之间大部分是通过大玻璃或空廊进行联系。另外可以把内部空间分为实体空间和虚拟空间，实体空间的特点是空间范围明确，空间与空间之间有明确的界限，私密性较强；虚拟空间的特征是空间范围不明确，私密性小，但又处于实体空间内，因此又称空间里的空间。虚拟空间有相对的独立性，能够为人们所感觉，亦可称之为心理空间。

室内办公空间还有几种常见的空间类型，诸如开敞空间、封闭空间、静态空间、动态空间或流动空间等等。各种空间关系如下：

```
室内空间
  ↓
固定空间  →  可变空间  →  母子空间
  ↓            ↓            ↑
实体空间      虚拟空间      心理空间
  ↓            ↓            ↓
封闭空间      开敞空间      动态空间
  ↓            ↓
静态空间  →  室外空间
```

（一）开敞办公空间

开敞办公空间常常作为室外空间与室内空间的过渡空间，有一定的流动性和很高的趣味性。这也是人的开放心理在室内环境中的反馈和显现。开敞办公空间可分为两类：一类是外开敞式办公空间，另一类是内开敞式办公空间。

外开敞式办公空间的特点：空间的侧界面有一面或几面与外部空间渗透，顶部通过玻璃覆盖也可以形成外开敞式的效果。

内开敞式办公空间的特点：空间的内部形成内庭院，使内庭院的空间与四周的空间相互渗透，墙面处理成透明的玻璃窗，这样就可以将内庭院中的景致引入到室内的视觉范围，使内外空间有机地联系在一起。可也以把玻璃都去掉，使内外空间融为一体，与内庭院的空间上下通透，内外的绿化环境相互呼应，颇具自然气息。（图2-1-1～图2-1-5）

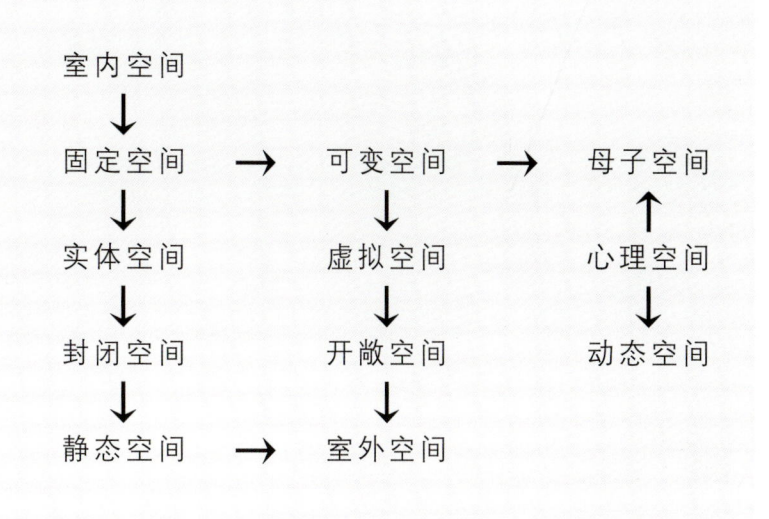

图2-1-1

图2-1-1、图2-1-2　开敞办公空间

图2-1-2

图 2-1-3

图 2-1-4

图 2-1-3～图 2-1-5　开敞办公空间
图 2-1-6～图 2-1-10　封闭办公空间

图 2-1-5

空间开敞的程度取决于侧界面及其围合的程度、开洞的大小以及启闭的控制能力等。空间的封闭或开敞会在很大程度上影响人的精神状态，开敞空间是外向性的，限定度和私密性较小，强调与周围环境的交流、渗透，讲究对景、借景，与大自然或周围空间的融合。开敞空间和同样面积的封闭空间相比，显得大而宽阔，给人的心理感受是开朗、活跃、接纳、包容性的。

（二）封闭办公空间

封闭办公空间是用限定性比较高的实体包围起来的办公空间，在视觉、听觉等方面都有很强的隔离性，具有很强的区域感、安全感和私密性。封闭办公空间与周围环境的流动性、渗透性都不存在。随着围护实体限定性的降低，封闭性也会相应减弱。为了打破封闭的沉闷感，设计中常采用镜面、人造景窗及灯光造型等来处理，在人们的心理感受上扩大办公空间，增加办公空间的层次。（图 2-1-6～图 2-1-10）

图 2-1-6

图 2-1-7

图 2-1-8

图 2-1-9

图 2-1-10

（三）流动办公空间

若干个办公空间是相互连贯、流动的，人们随着视点的移动可以得到不断变化的透视效果，这就是流动办公空间。它是一种把空间的消极、静止的因素隐藏起来，尽量避免孤立、静止的体量组合，追求连续、运动的办公空间形式。

流动办公空间的水平和垂直方向都采用了象征性的分隔，保持了最大限度的交融和连续，视线通透，交通无阻隔或极少阻隔，强调"透"、"围"，从而大大丰富了办公空间的变化和层次。（图2-1-11～图2-1-16）

图2-1-11～图2-1-16 流动办公空间

图2-1-11

图2-1-12

图2-1-13

第二教学单元　办公空间设计方法 21

图 2-1-14

图 2-1-15

图 2-1-16

流动办公空间具有灵活的平面划分,形成了空间的有机的流动性。流动空间是以开放的平面为基础,流动办公空间作为现代建筑空间的一种类型,不仅要具有现代建筑中的功能主义因素,还要从具体的使用要求出发。流动办公空间体现了空间的连续性和灵活多变的平面变化,尽管达到了很好的效果,但这并不是最终目的,而是有生命力的社会生活过程对室内空间要求的必然结果,也同样并非出于某种审美需要,而是功能上考虑的结果。

流动办公空间充满着动感、方位的诱导性、透视感、生动和明朗的创造性。其目的不在于追求炫目的视觉效果,而是寻求表现人们生活在其中的活动本身。它不仅仅是一种时尚,而且是寻求创造一种不但本身美观而且能表现身居其中的人们的有机活动方式的空间。

(四)动态办公空间

动态空间引导人们从"动"的角度观察周围事物,把人们带到一个由三维空间和时间相结合的"第四空间"。动态空间一般分为两种:一种是包含由动态设计要素所构成的办公空间,另一种是建筑本身的空间序列引起的人在空间的流动以及人在空间形象变化中有不同感受的空间,这种随着人的运动而改变的空间称为主观动态空间。流动空间、共享空间、交错空间及不定空间等,基本上都可以说是动态空间的某种具体体现。(图2-1-17~图2-1-21)

图2-1-17

第二教学单元　办公空间设计方法　23

图 2-1-18

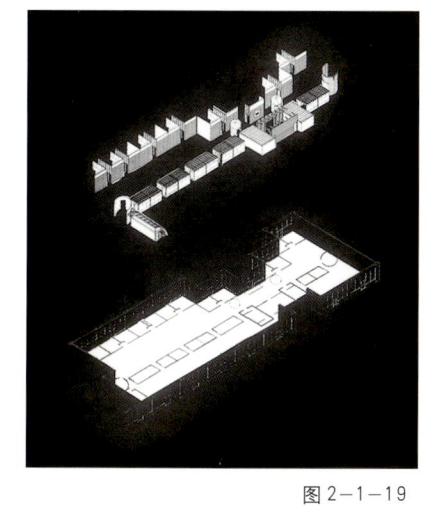

图 2-1-17～图 2-1-21　动态办公空间中连续完整的吊顶，在某些地方采用新型的隔音吊顶，帮助界定区间。

图 2-1-19

图 2-1-20

图 2-1-21

（五）静态办公空间

人们在创造动态办公空间的同时，不能排除对静态办公空间的需要。人们常说"生命在于运动"，但基于动静结合的生理规律和活动规律，也不能无休止地保持高度亢奋状态。"动"与"静"是相辅相成的，没有"静"也就无所谓"动"，动态办公空间是相对于静态办公空间而言的，这也是为了满足人们心理上对"动"与"静"交替的追求。（图2-1-22～图2-1-25）

图2-1-22

图2-1-23

图2-1-24

图2-1-25

图2-1-22～图2-1-25　静态办公空间

静态办公空间有如下特征：

1．空间的限定性较强，与周围环境的联系较少，趋于封闭型；

2．多为对称空间，可左右对称，亦可四面对称，除了向心、离心以外，很少有其他的空间形式，从而达到一种静态的平衡；

3．多为尽端空间，空间序列到此结束，算是画上了句号。这类位置的空间私密性较强；

4．空间及陈设的比例、尺度相对均衡、协调，无大起大落之感；

5．空间的色调淡雅、和谐，光线柔和，装饰简洁；

6．在空间中，视觉转移相对平和，没有强制性的、过分刺激的引导视线的因素存在，静态空间总给人以恬静、稳重之感。

（六）结构办公空间

随着新技术，新材料的发展，人们对结构的精巧构思和高超技艺有所接受，从而更加增强了室内办公空间艺术的表现力与感染力，这也已成为现代办公空间艺术审美中极为重要的倾向。充分利用合理的建筑结构，能够为创造视觉空间艺术提供明显的或潜在的条件。结构的现代感、力度感、科技感和安全感是真实美、质朴美的体现，与繁琐和虚假的装饰相比，更具有令人震撼的魅力。（图2-1-26、图2-1-27）

（七）虚拟办公空间

虚拟办公空间是一种既无明显界面，又有一定范围的办公空间环境，它没有十分完整的隔离形态，也没有较强的限定度，靠的是部分形体给人的启示，依靠由启

图 2-1-26　充分利用建筑结构增强视觉效果，使办公空间具有强烈的个性。

图 2-1-27　建筑结构在办公空间中的运用

图 2-1-28

图 2-1-29

图 2-1-30

图 2-1-28～图 2-1-30　虚拟办公空间

示产生的联想来划分空间,所以又称心里空间。这是一种可以简化装修而获得理想空间感的空间,它往往处于母空间中,与母空间相通而又具有一定的独立性和领域感。

虚拟办公空间可以借助列柱、隔断、隔墙、家具、陈设、绿化、水体、照明、色彩、材质及结构构件等因素形成,有时通过各种围护面的凹凸、悬空楼梯及改变标高等手段,同样可以构成虚拟空间的效果。这些因素往往也会成为室内空间中的

图2-1-31、图2-1-32 运用原始材料增添一定的人文元素,创造强烈的虚拟空间效果。

图2-1-31

图2-1-32

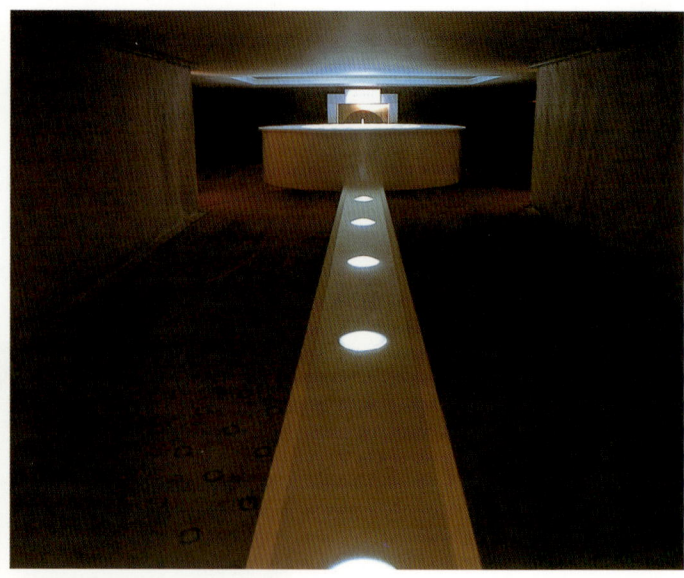

图 2-1-33

图 2-1-34

图 2-1-33～图 2-1-35　改变天花或地面，可取得相对独立的空间感受。

图 2-1-35

重点装饰，为空间增色。（图 2-1-28～图 2-1-35）

　　以下是由虚拟办公空间衍生出来的特定的办公空间类型：

　　1．改变天花及地面的落差而形成的办公空间。在室内办公空间中，要想取得既有联系又有其相对独立性的空间，抬高或降低地面的标高是较常见的做法。

　　2．大工作间中的小空间。这种空间类型也可称之为母子空间，母子空间是对空间的二次限定，即在原空间（母空间）中，用实体或象征性的手段再限定出小空间（子空间）。它既能满足使用方面的功能要求，又能丰富办公空间的层次，强化办公空间的效果。许多子空间，比如在大空间中围起的办公小空间，往往因为有规律地排列而形成一种有节奏的韵律感，它们既有一定的领域感和私密性，又与较大的办公空间形成相应的沟通和联系。它是一种能够很好地满足群体与个体在大空间中既各得其所又融洽相处的办公空间类型。

二、办公空间的分隔与组合

(一) 办公空间的分隔和联系

办公空间采取的分隔方式,既要考虑到办公的特点和功能使用要求,又要考虑到人对办公空间的心理需求以及艺术特点。办公空间的围透关系,实际上就是办公空间的分隔与联系的对立统一关系,空间各组成部分之间的关系,主要是通过分隔的方式来体现的,而空间的分隔就是对空间的限定和再限定。至于空间的联系,就要看空间限定的程度(隔离视线、声音、湿度等),即对"限定度"的考虑。同样的目的,可以有不同的限定手法,同样的手法也可以有不同的限定程度。我们为了达到某种需要的办公空间效果,可以运用较为复杂的手法也可以运用较简练的示意性手法。

尽管限定的要素十分有限,基本的限定手法也是屈指可数的,但它们以具体材料、具体色彩按不同的方式组合后形成的空间却是丰富多样的。同样是为了分隔空间,用什么材料、什么造型,看上去是否稳定、位置是高是低、是否遮挡视线、是否可以倚靠等,这一系列因素都在不同程度上影响了它所限定的空间。

1. 围合与分隔

"围"有一个内外之分,而它至少要有多于一个方向的面才能成立,而分隔是将办公空间再划分为几部分。有时,围合与分隔的要素是相同的,围合要素本身可能就是分隔要素,或与分隔要素组合在一起形成围合的感觉。这时,围合与分隔的界限就不那么明确了。在办公空间的设计中,利用材料要素进行围合、分隔,可以形成一些小区域,使空间有层次感,既能满足使用要求,又能给人以精神上的享受。例如中国传统建筑中的"花罩"、"屏风"等就是典型的分隔形式,它可以将一个空间分为书房、客厅以及卧室等几部分,划分了区域也装饰了室内空间。近来比较流行的大空间办公室中,常用家具或隔断构件将大空间划分为若干小组团,使小组团有一种围合的感觉,创造了相对安静的工作区域;小组团的外侧则是交通区域和休息区域,使每个组团之间既有联系又具有相对的独立性,很适合现代办公的空间要求和管理方式。(图2-2-1~图2-2-7)

图 2-2-1

图2-2-2

图2-2-3

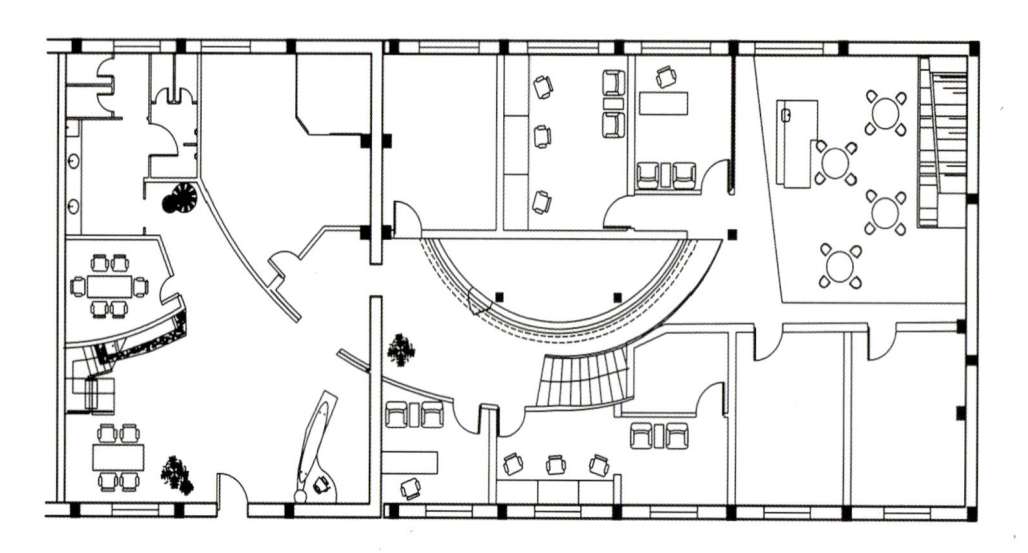

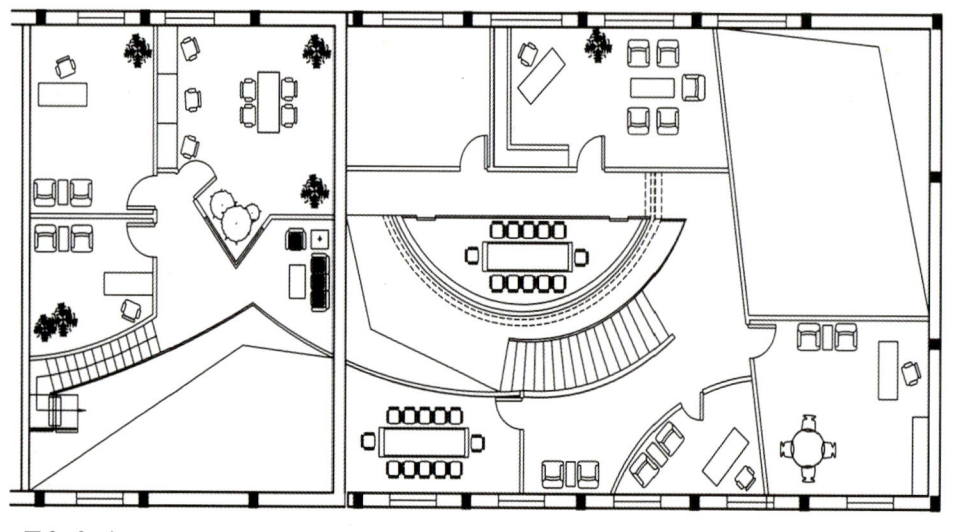

图2-2-4

图2-2-1、图2-2-2 办公空间的分隔与联系
图2-2-3 办公空间的围合
图2-2-4 办公空间的平面图
图2-2-5～图2-2-7 办公空间的分隔与围合关系

第二教学单元　办公空间设计方法　31

图 2-2-5

图 2-2-6

图 2-2-7

2. 覆盖

在办公空间的设计中，运用覆盖的要素进行限定，人们会产生许多心理感受。在室内设置覆盖物，可以使人有一种室外的感觉。例如在一些大办公空间的中庭中，人们坐在运用了一个个装饰垂吊物，或遮阳伞，或灯饰，或织物等的空间环境中，再加上周围的树木、花鸟、水体、天光等因素，就仿佛置身于大自然的怀抱中。因为人本来与自然有种天然的、难以割舍的密切关系，在室内空间环境中，尽可能地使人有一种自然感、室外感，是人性的回归。因此，有意识地在室内办公空间设计中运用室外因素可以给人带来愉悦的心情。

3. 设置

设置一般是指隔离物与空间的"设置"关系，是相对独立存在的。在办公空间中，设置可以说是运用得最多的再限定方式，也可以说任何实体要素都可算是设置物。设置物往往会成为办公空间的中心，它对办公空间的区域划分有着一定的影响力，起着烘托空间气氛和强化空间特色的作用。

4. 肌理变化

对办公空间的限定来说，肌理变化是一种较为简便的处理方法。即以某种材料为主，局部空间换一种材料，或者在原材料表面进行特殊处理，使其表面质感发生变化（如抛光、烧毛等），都属于肌理变化。不同材料的肌理效果可以加强办公空间的导向性和功能的明确性，不同肌理材料的运用对办公空间的效果也有影响，而且还可以运用肌理变化组成图案作为装饰等等。

通过上述对办公空间限定、再限定以及限定度等概念的剖析，我们大致可以总结出办公空间的分隔方式，它包括两个大的类型：

1. 绝对分隔

用承重墙、到顶的轻体隔墙等限定高度的实体界面来分隔空间，可称为绝对分隔。这样分隔出的空间有非常明确的界限，是完全封闭的。这种分隔方式的重要特征是空间隔音良好，具有安静、私密的特点和较强的抗干扰能力，但视线完全受阻、与周围环境的流动性很差。

2. 弹性分隔

在办公空间的设计中，常常利用拼装式、折叠式、升降式等活动隔断以及幕帘家具、陈设等来对空间进行分隔。这样，使用者可根据要求随时启闭或移动这些弹性分隔装置，办公空间也就随之发生变化，或分或合、或大或小，使办公空间具有较大的弹性和灵活性。

具体的分隔方法：

(1) 用各种隔断、结构构件进行分隔（梁、柱、金属框架、楼梯等）；

(2) 用色彩、材质分隔；

(3) 用水平面高差分隔；

(4) 用垂直围护面凹凸分隔；

(5) 用家具分隔；

(6) 用水体、绿化分隔；

(7) 用照明分隔；

(8) 用综合手法分隔。

办公空间的分隔和联系,是办公空间设计的重要内容。分隔的方式,决定了办公空间之间的联系程度,并且在满足不同的分隔要求基础上,创造出具有美感、情趣和意境的办公空间。

(二) 办公空间的组合

办公空间组合主要是复合空间的组合。从精神需求来看,办公空间设计艺术的感染力并不限于人们静止地处在某一个固定点上,或从单一空间之内来观赏它,而是贯穿于人们从连续行进的过程中来感受它。这样,我们还必须超越单一空间的范畴,进行更多办公空间的组合设计。从物质功能需求的角度来看,人们在利用办公空间的时候,不可能将自己仅仅局限在一个空间之内而不涉及别的空间;相反,空间与空间之间从功能上讲都不是彼此孤立的,而是互相联系的,它超出了单一空间的范围,而表现为多空间即复合空间的组合。

办公空间组合涉及的空间关系:

1. 空间内的空间

一个大空间可以在其中包含一个或若干个小空间,也就是前面提到的母子空间。大空间与小空间之间很容易产生视觉及空间的连续性,并保证空间的整体性。若要小空间具有较大的吸引力,小空间可采用与大空间形式相同而朝向各异的方式,这种方法会在大空间里产生一系列富有动势的剩余空间。小空间也可以采用与大空间不同的形状,以增强其独立的形象。这种形体上的对比,会使两者之间的功能产生不同的暗示,或者象征着小空间具有特别的意义。(图2-2-8~图2-2-10)

图2-2-8~图2-2-10 大空间中的小空间,可产生视觉连续性。

图2-2-8

图2-2-9

图2-2-10

2．穿插式办公空间

穿插式空间由两个相互联系的空间构成,空间与空间之间相互重叠而形成一个公共空间地带。当两个空间以这种方式贯穿时,仍保持各自作为空间所具有的界限以及完整性。（图 2-2-11～图 2-2-13）

图 2-2-11

图 2-2-12　　　　　　　　　　　　　图 2-2-13

图 2-2-11～图 2-2-13　穿插式办公空间

两个穿插空间的最后造型可以产生以下三种情况：
(1) 穿插部分可为两个空间共同所有；
(2) 穿插部分与另一空间合并,成为整体空间的一部分；
(3) 穿插部分自成一体,成为原来两个空间的连接空间。

3. 邻接式办公空间

邻接是空间关系中最常见的形式,它允许各个空间具有各自的功能或各自的象征意义。相邻空间之间的视觉效果及空间的连续程度,取决于它们既分隔又联系在一起的面的特点。(图2-2-14～图2-2-16)

这些既分隔又联系的分隔面具有下列作用:

(1) 限制两个邻接空间的视域和实体的连续性,增强办公空间各自的相对独立性,并产生相异的空间效果;

图2-2-14～图2-2-16　邻接式办公空间

图2-2-14

图2-2-15

图2-2-16

(2) 作为一个独立的分隔面设置在单一空间里,把一个大空间分隔成若干部分。这些部分既有所区分,又互相贯通,彼此没有明确肯定的界限,也不存在各自的独立性;

(3) 以列柱分隔,可以使两个空间都具有很大程度的视觉连续性;

(4) 通过两个空间之间的高差或界面处理的变化来暗示。

4. 与公共办公空间相连的空间

相隔一定距离的两个办公空间,可由第三个过渡性空间来连接,以加强空间的节奏感。在这种办公空间关系中,过渡空间的特征有着决定性的意义。

与公共办公空间相连的空间具有以下几种组合方式:

(1) 集中式组合

其主要特点是在一个中心的主导空间周围组合一系列次要空间。集中式组合是一种稳定的向心式构图,它由一系列次要空间围绕一个大的、占主导地位的中心空间构成。集中式组合的中心空间,在形式上一般是规则的,在尺度上要具有足以将次要空间集结在周围的能力。组合的次要空间的功能和尺寸可以完全相同,形成规则的两轴式或多轴对称的总体造型。次要空间的形式或尺寸,也可以各不相同,以适应各自的功能、周围环境等方面的要求。次要空间的差异使集中式组合可根据整体环境及使用功能的不同条件来考虑它的空间形式,集中式组合内的交通流线可以采取多种形式(如辐射形、环形、螺旋形等),但几乎每种形式下的交通流线基本上都在中心空间内终止。(图 2-2-17、图 2-2-18)

(2) 线式办公空间组合

线式空间组合实际上就是重复空间的线式序列。这些空间既可以直接地逐个连

图 2-2-17、图 2-2-18 集中式办公空间

图 2-2-17　　　　　　　　　　　　　　图 2-2-18

接，也可由一个单独而不同的线式空间来联系。

线式空间组合有两种情况：一种是线式空间组合通常由尺寸、形式和功能都相同的空间重复出现而构成；另一种就是将一连串形式、尺寸或功能不相同的空间，由一个线式空间沿轴线组合起来。在线式组合中，具有重要功能的空间可以出现在序列的任何一处，并以尺寸和形式来表明其重要性，也可以通过所处的位置加以强调，如将其置于线式序列的端点、偏移线式组合或处于线式组合的转折处。

线式组合的特征是"长"，因此它表现了一种方向性，具有运动、延伸、增长的意味。

(3) 辐射式办公空间组合

将线式空间从中心空间以辐射状扩展，即构成辐射式组合空间。辐射式组合是外向的组合，它是通过线式组合向周围扩大发展。由辐射式组合的中心空间一般也是规则的，是以中心空间为核心的线式组合。它可在形式、长度方面保持灵活，可以是相同的也可以互不相同，以适应功能和整体环境的需要。

(4) 组团式办公空间组合

根据位置接近、共同的视觉特性或共同的关系组合的空间，可称之为组团式空间。组团式办公空间组合是通过紧密连接的方式使各个空间之间互相联系，一般由重复出现的格式空间组成。这些格式空间具有类似的功能，并在形状方面也有共同的视觉特征。组团式办公空间组合也可在它的构图空间中采用尺度、形状和功能各不相同的空间，但这些空间要通过紧密连接和诸如轴线等视觉上的一些规则手法来建立联系。因为组团式办公空间组合的造型并不来源于某个固定的几何概念，它可以灵活多变，随时增加或变换而不影响其特点。（图2-2-19～图2-2-21）

图2-2-19

图2-2-19～图2-2-21　组团式办公空间

图2-2-20

图2-2-21

由于组团式办公空间组合造型中没有固定的重要位置,因此,必须通过造型之中的尺寸、形状或者功能来分隔,这种分隔方式的重要特征显示出某个空间所具有的特殊意义。有时在对称或有轴线的情况下,可用于加强和统一组团式办公空间组合的各个局部,有助于表达某一空间或各个空间的重要意义,同时也有利于加强组团式办公空间组合形式的整体效果。

(5) 网格式办公空间组合

网格式办公空间组合的空间位置和相互关系是通过一个三维度的网格形式或范围来使其规则化的。两组平行线相交,它们的交点建立了一个规则的点,这样即产生了一个网格。网格投影成三维,转化为一系列的、重复的空间模数单元。

网格的组合来自于规则性和连续性,它们渗透在所有的组合要素之中。即网格式办公空间组合的空间尺度、形状或功能虽各不相同,但仍能合为一体,具有一个共同的关系。网格式空间组合在办公空间设计中运用得最为普遍。

三、办公空间设计规范

(一) 办公空间尺度

办公空间尺度直接影响到空间给人的感受。空间为人所用,在可能的条件下(综合考虑材料、结构、技术、经济、社会、文化等问题后),我们在设计时应选择一个最合理的比例和尺度。这里所谓"合理"是指适合人们生理与心理两方面的需要。我们可以将空间尺度分为两种类型:一种是整体尺度,即室内空间各要素之间的比例尺寸关系;另一种是人体尺度,即人体尺寸与空间的比例关系。需要说明的是"比例"与"尺度"概念不完全一样。"比例"指的是空间各要素之间的数学关系,是整体和局部间存在的关系;而"尺度"是指人与室内空间的比例关系所产生的心理感受。因此,我们在进行室内空间设计的时候必须同时考虑"比例"和"尺度"两个因素。

人体尺度是建立在人体尺寸和比例的基础上的。由于人体的尺寸因人的种族、性别及年龄的差异,而不能当做一种绝对的度量标准。我们可以用那些意义上和尺寸上与人体有关的要素帮助我们判断一个空间的尺寸,如桌子、椅子、沙发等家具,或者楼梯、门、窗等。这样也会使空间具有合理的人体尺度和亲近感。

办公空间的尺度需要与使用功能的要求相一致,尽管这种功能是多方位的。办公空间只要能够保证功能的合理性,即可获得恰当的尺度感,但这样的空间尺度却不一定能适应公共活动的要求。对于公共活动来讲,过小或过低的空间将会使人感到局限和压抑,这样的尺度感也会影响空间的公共性;过大的空间又难以营造亲切、宁静的氛围。在处理室内办公空间的尺度时,按照功能性质合理地确定空间音质高度具有特别重要的意义。

在空间的三个量度中,高度比长宽对尺度具有更大的影响,房间的垂直围护面起着分隔作用,而顶上的顶棚高度却决定了房间的亲切性和遮护性。办公空间的高度可以从两方面看:一是绝对高度,即实际层高;另一个是相对高度,即不单纯着眼于绝对尺寸,而要联系到空间的平面面积来考虑。正确选择合适的尺寸无疑是很重要的，如高度定位不当：过低会使人感到压抑，过高则会使人感觉不亲切。人们从经验中体会到，在绝对高度不变时，面积越大，空间显得越低矮，如果高度与面积保持一定的比例，则可以显示出一种相互吸引的关系，利用这种关系将可以构造一种亲切的感觉。

尺度感不仅体现在空间的大小上，也体现在许多细部的处理上，如室内构件的大小，空间的色彩、图案，门窗开洞的形状、位置，以及房间里的家具、陈设的大小，光的强弱，甚至材料表面的肌理精细与否等都能影响空间的尺度。(图2-3-1)

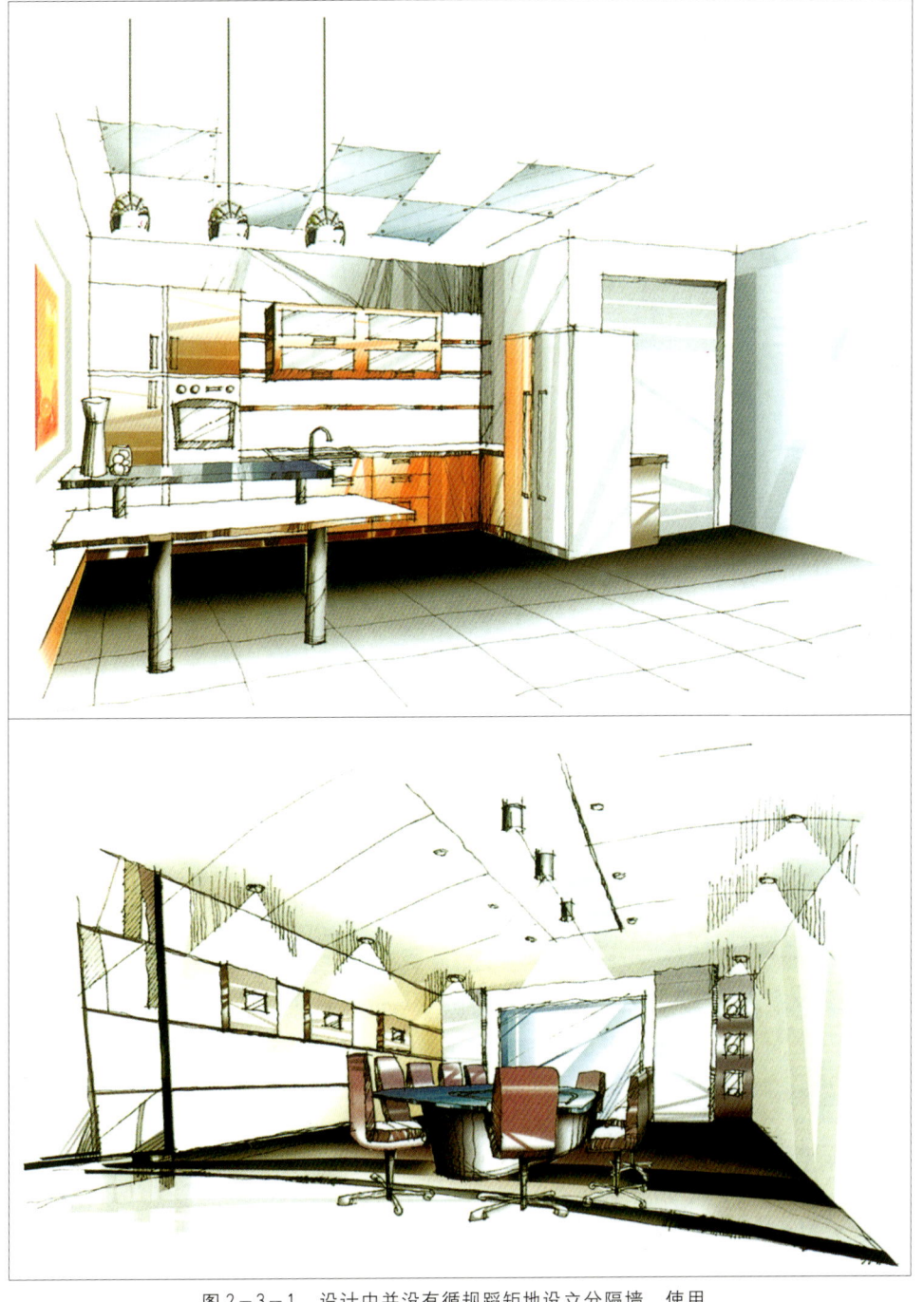

图2-3-1　设计中并没有循规蹈矩地设立分隔墙，使用合理尺度配合天花钢架设计，能排列出不同组合形式。

不同比例和尺度的空间给人的感觉不同,因为空间比例关系不但要合乎逻辑要求,同时还需要满足理性和视觉要求。在室内空间中,当相对的墙之间很接近时,压迫感很大,形成一种空间的紧张度;而当这种压迫感是单向时则形成空间的导向性,例如一个窄窄的走廊。总之,合理有效地把握好空间的尺度以及比例关系对室内空间的造型处理是十分重要的。(图2-3-2)

图2-3-2 不同比例和尺度的办公空间

以下是一些空间大致尺寸的初步列表,不是很完整,但符合非居住性建筑无障碍设计的要求:

等待/接待室(候诊室、学校注册中心):20～25平方英尺/人;

会议室(商务和职业办公室、学会):25～35平方英尺/人;

集会室(学校饭店,摆放折叠椅):10～15平方英尺/人;

礼堂(固定坐席):8～14平方英尺/人;

系统设备工作间:(最小)35～40平方英尺/人,(普通)50～70平方英尺/人,(宽敞)80～100平方英尺/人;

私人办公室(完整隔墙):120～150平方英尺/人(标准的工作和咨询空间);

私人办公室(完整隔墙):200～300平方英尺/人(行政办公室,长沙发)。

(二)办公空间的布置分类

从办公体系和管理功能要求出发,结合办公建筑结构的布置提供的条件,办公空间的布置类型可分为:

1. 小单间办公空间

小单间办公空间是较为传统的间隔式办公空间,一般面积不大,常用开间长为3.6m、4.2m、6.0m,进深为4.8m、5.4m、6.0m等,空间相对封闭。小单间办公空间的室内环境干扰少,办公人员有安定感,同室办公人员之间易于建立较为密切的人际关系。缺点是空间不够开畅,办公人员与相关部门及办公组团之间的联系不够方便、直接,受室内面积限制,通常配置的办公设施也较简单。(图2-3-3~图2-3-5)

图2-3-3~图2-3-5 小单间办公室

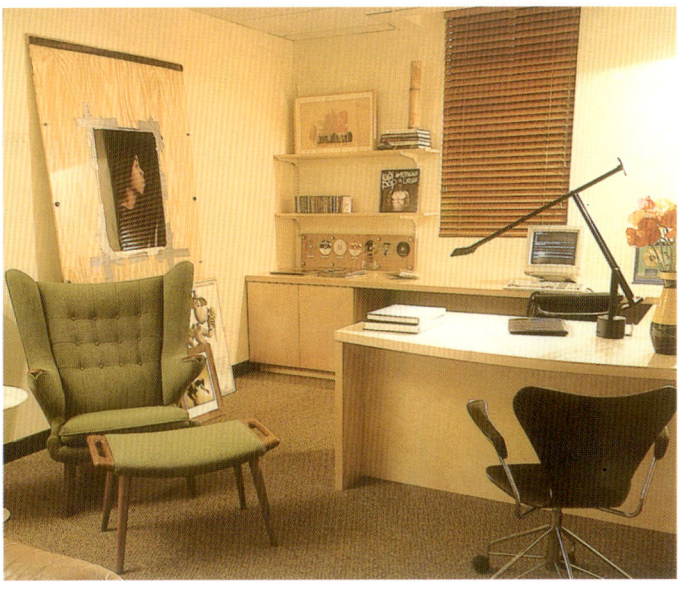

图2-3-3

图2-3-4　　　　　图2-3-5

小单间办公空间适用于需要小空间办公功能的机构和规模不大的单位或企业的办公用房。如使用需要，也可以把若干个小单间办公室相组合，构成办公区域。

2．大空间办公场所

大空间办公室亦称开敞式或开放式办公空间，起源于19世纪末。工业革命后，由于生产集中、企业规模增大、经营管理的需要，办公各部门与组团人员之间要求紧密联系，以进一步加快联系速度和提高办公效率，传统间隔式小单间办公室较难适应上述要求，因此，出现了开放式大空间办公室。这就形成了少量高层次办公主管人员仍使用小单间办公室，大量的一般办公人员安排在大空间办公空间内的办公空间结构。如莱特设计的美国拉金大厦（Larkin Building, 1904）就属于早期的大空间办公空间。（图2-3-6～图2-3-8）

图2-3-6～图2-3-8　大空间开敞式办公空间

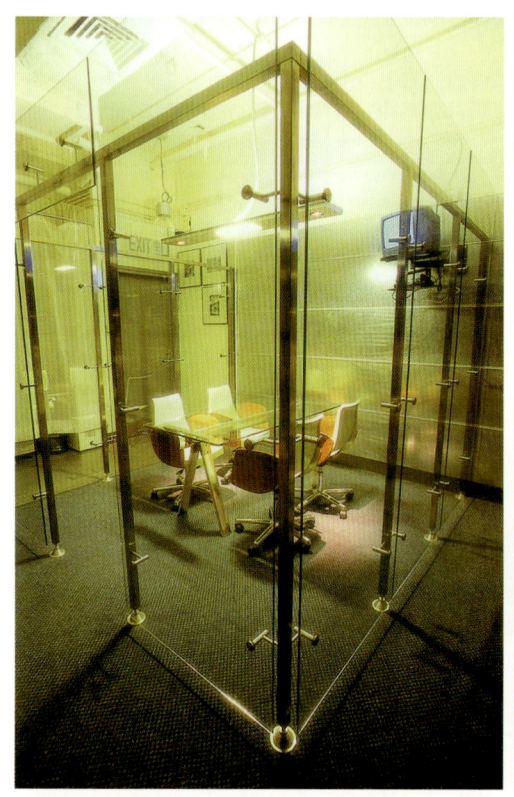

图2-3-6

图2-3-7

图2-3-8

大空间办公室有利于办公人员、办公组团之间的联系,提高办公设施、设备的利用效率。相对于间隔式的小单间办公室而言,大空间办公室减少了公共交通和结构面积,缩小了人均办公面积,从而提高了办公建筑主要功能的使用面积率;不足的是大空间办公室空间过大,特别是在早年环境设施不完善的时期,室内环境嘈杂、混乱、相互干扰较大,近年来随着空调、隔声、吸声以及办公家具、隔断等设施、设备的优化,大空间办公空间的室内环境也有了很大提高。

3．单元型办公空间

单元型办公室在办公空间中,除晒图、文印、资料展示等服务用房为公共使用之外,其具有相对独立的办公功能。通常单元型办公空间的内部空间被分隔为接待会客、办公(包括高级管理人员的办公室)等空间,根据功能需要和建筑设施的可能性,单元型办公空间不可设置会议、盥洗厕所等用房。(图2-3-9～图2-3-11)

由于单元型办公空间既能充分运用大楼各项公共服务设施,又具有相对独立、隔断的办公功能,因此,单元型办公空间常是企业、单位出租办公用房的上佳选择。近年来兴建的用于出租的高层办公楼的内部空间的设计与布局,单元型办公空间占有相当的比例。

图2-3-9～图2-3-11 单元型办公空间

图2-3-9

图2-3-10

图2-3-11

4. 公寓型办公空间

公寓型办公空间的主要特点就是在用于办公的同时，具有类似住宅、公寓的盥洗、就寝、用餐等的使用功能。它配置有接待会客室、办公室（有时也有会议室）、卧室、厨房、盥洗室等办公和居住必要的使用空间。

公寓型办公空间具有白天提供办公、用餐和晚上提供住宿、就寝的双重功能，给办公人员、需要提供居住功能的单位或企业带来了方便。

5. 景观型办公空间

景观办公空间为景观办公建筑中的主体办公用房。景观办公空间中的家具与办公设施的灵活布置，室内氛围的柔化、用于改善室内环境质量的绿化与小品等的运用，主要是以办公组团人员联系方便、工作高效为前提。景观办公室有别于早期大空间办公空间的过于拘谨与片面强调"约束与纪律"的室内布局景观办公空间。（图2-3-12～图2-3-14）

景观办公空间的构思是顺应时代发展的要求，是在办公功能逐渐摆脱纯事

图2-3-12

图2-3-13

图2-3-14

图2-3-12～图2-3-14 景观型办公空间

务性操作的情况下创造的较为宽松的、能更好地发挥办公人员的主动性以提高工作效率的办公空间布局。景观办公空间组团成员之间具有较强的参与意识,组团又具有核准信息并做出判断的能力。

(三) 办公空间界面处理

对室内空间分隔所组成的元素而言,最基本的是地面、墙面和天棚。对地面、墙面和天棚的处理,即是对底界面、侧界面和顶界面,简称为"三面"的处理。"三面"处理不仅仅是对一般的建筑室内装修的表面处理,更主要的是如何将这"三面"的处理同整个室内环境气氛设计有机地结合,它既有技术的因素,又有美学的因素。其功能的体现更重要的是在心理上和精神上给人一个舒适的工作环境。

办公室室内各界面的处理,应考虑管线铺设、连接与维修的方便,选用不易积灰、易于清洁、能防止静电的底、侧界面材料。界面的总体环境色调宜淡雅,如略偏冷的淡水灰、淡灰绿,或略偏暖的淡米色等,为使室内色彩不显得过于单调,可在挡板、家具的面料选材上适当考虑色彩明度与彩度的配置。

1. 底界面

办公室的底界面应考虑尽可能减少行走时的噪声,管线铺设与电话、电脑等的连接问题等,可在底界面的水泥粉光地面上铺优质塑胶类地毯,或水泥地面上铺实木地板,也可以在面层铺以橡胶底的地毯,使扁平的电缆线设置于地毯下。智能型办公室或管线铺设,要求具有较高空间的办公室应在水泥楼地面上设置架空木地板,使管线的铺设、维修和调整均较方便。设置架空木地板后,室内净高相应降低,但其高度仍应不低于2.40m。由于办公建筑的管线设置方式与建筑及室内环境关系密切,因此,在设计时应与相关专业人员相互配合和协调。(图2-3-15~图2-3-18)

图2-3-15~图2-3-18 底界面在办公空间中的运用

图2-3-15　　　　图2-3-16

图2-3-17

图2-3-18

2. 侧界面

办公室的侧界面处于室内视觉感受较为显要的位置。造型和色彩等方面的处理仍以淡雅为宜，这样有利于营造合适的办公氛围。侧界面常用浅色系列的乳胶漆涂刷，也可贴以墙纸，如单色系列的隐形肌理型墙纸等。装饰标准较高的办公室也可用木胶合板作面材，配以实木压条。根据室内总体环境以及家具、挡板等的色彩和质地，木装修的墙面或隔断可选用柳接、水曲柳贴面的中间色调为材料，或以浅色系列的桦木，枫木贴面为材料。色彩较为凝重的柚木贴面，通常较多地运用于小空间、标准较高的单间办公室空间。（图2-3-19～图2-3-21）

图2-3-19～图2-3-21 不同的侧界面在办公空间中的运用

图2-3-19

图 2-3-20

图 2-3-21

为了使通往大进深办公室的建筑内走道能有适量的自然光,常在办公室内墙一侧设置带窗的隔断（当内墙为非承重墙时可设隔断,为承重墙时则应在结构设计阶段考虑预留窗孔),通常将高窗置于视平线之上,或按常规窗台的高低（900mm～1200mm）以乳白玻璃分隔,使内走道具有间接自然光。

3. 顶界面

办公室顶界面质地应轻,并且具有一定的光反射和吸声作用。设计中最为关键的是必须与空调、消防、照明等设施的有关工种的工作人员密切配合,尽可能使吊顶上部各类管线协调配置,在空间高度和平面布置上排列有序,例如吊顶的高度与空高、风管高度以及消防喷淋管道直径的大小有关,为便于安装与检修,还必须留有管道之间必要的间隙尺寸。同时,一些嵌入式的吸顶灯、灯座接口、灯泡以及反光灯罩的尺寸等,也都与吊顶的具体高度有直接关系。轻钢龙骨和吊筋的布置方式与构造形式需与吊顶分割大小、安装方式等统一考虑,吊顶常采用具有吸声性能的矿棉石膏板、塑面穿孔吸声铝合金板等材料。具有消防喷淋设施的办公空间,还需经过水压试测后才可安装吊顶面板。（图2-3-22～图2-3-24）

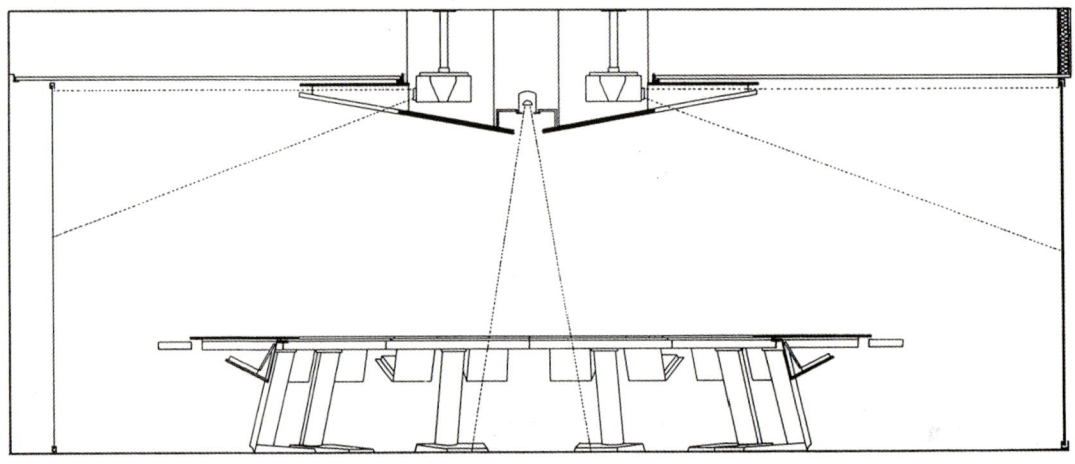

图2-3-22

图 2-3-23

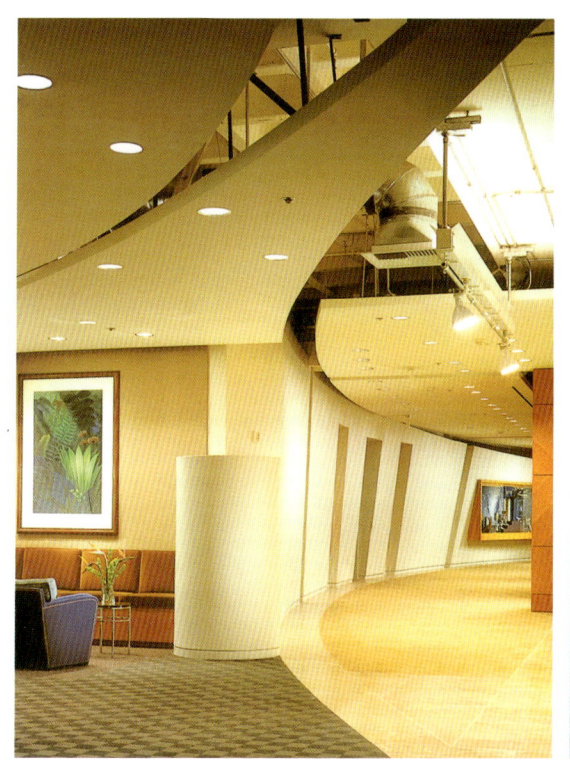

图 2-3-24

图 2-3-22～图 2-3-24　不同材料的吊顶在办公空间中运用

（四）室内办公空间整体感的形成

整体感的形成离不开人的感知，人对办公室内空间环境的整体印象是一个运动的综合过程。室内办公空间整体感的形成可以从以下几方面归纳：

1. 主题法

主题法即在空间造型中，以一个主要的形式进行有规律地重复，构成一个完整的形式体系。这种方法无论是在传统设计中，还是多样的现代风格的空间设计中都是经常运用的，就好比音乐中的主旋律，尽管经过各种不同的变奏，但它的基调是不变的，始终如一地保持了曲子的和谐与完整性。（图 2-3-25）

2. 主从法

在空间造型的结构中，主要的要素有体量、方向、尺度等。在形体构成中的主要要素除前面的要素外，还有量（大小、轻重、厚薄等）、材质（软硬、粗细、透明度、光泽度等）、形（方圆、曲直等）、光（明暗、虚实等）、色（对比、调和等）等等。这些关系要素有主有从，主次分明。也就是说，在设计中对空间处理不应该也不可能面面俱到，着重表现什么，从哪方面体现空间的特点等，首先都必须做到心中有数。有的着重体现空间独特造型形状；有的是以展示空间的材质、肌理的美感或现代科技为主；有的是通过光的使用让空间充满某种气氛；有的是靠某一风格、

图 2-3-25　有规律的重复构成完整的形式

流派及样式贯穿整个内部空间；还有的则是把室内的色彩当作空间处理的主要表现对象，让色彩统率整个室内空间，诸如此类，如此等等。（图2-3-26）

图2-3-26　组从法办公空间

图2-3-27　重点法办公空间　　　　图2-3-28　色调法办公空间

3．重点法

重点法即突出室内重点要素的办法。在室内空间中，重点突出的支配要素与从属要素共存，没有支配要素的设计将会因平淡无奇而单调乏味，但如果有过多的支配要素，设计将会杂乱无章、喧宾夺主。

一个空间重点要素的突出，应处理得既要重视它又要有所克制，不应在视觉上过分压倒一切，使其脱离空间整体，破坏整体感觉。一些次要的重点即视觉上的各个分段重点，也应按照"多样而有机统一"的原理，使形、色、光、质等相互存在关系，有助于使空间设计形成有机整体，这也是形成空间整体感的一种途径。（图2-3-27）

4．色调法

所谓色调法，就是利用构成空间的主要基本色调，通过色彩来统一空间造型，或庄重、热烈、活泼、柔和、温暖、冷漠、清淡等等。就色调而言，概括起来大体分为对比和调和两大类，用这两种基调可变化出千差万别的调子来。

对比不是指不同色彩的简单相加而是仍存在一定的主从关系，这种色调使空间在统一中蕴涵着变化。调和是通过对色调的统一来形成主题的，它是最容易形成整体感的一种方法。（图2-3-28）

四、办公空间设计方法

设计就是将设计概念绘制成平面图，再根据图形实现设计的过程。当进入到气泡图和初步平面设计阶段以后，会出现很多新的概念、新的功能关系，空间的多个新用途以及在预设计阶段没有出现的种种构想。实际工作中，在最初的方案已经完成的情况下经常会出现新的设计要素。

当初步方案完成的时候，设计师可以很轻松地进入平面草图的绘制阶段。但是由于很多任务涉及的是较多的空间功能，所以绘制一幅草图就能解决所有问题的可能性很小。在最初的几次尝试中不太可能做出一个好的平面方案，而且每次尝试都会花去一定的时间，因为平面草图的绘制阶段涉及分隔墙、开门方向、陈设的位置等因素。有一种方法——试错法，能够针对现有办公空间的设计问题，快速地发现所有解决方案。试错法需要的工具很简单，首先需要的是建筑的基本平面图，建筑用比例尺以及一些柔软或平滑的绘图纸。绘图纸通常使用的是价格并不昂贵的黄色描图纸，其他有适当透明度的黄色或白色描图纸也可以使用。马克笔和彩色铅笔应选用最好的，因为它们使用起来很流畅，可以轻松地做出明显的记号。

尽管绝大多数的建筑图纸都是电脑绘制的，但在空间设计的初级阶段，手绘工具有一定的优势。它排除了电脑数字规则和处理（机械性限制）的介入，设计师可以更快地将所思考的东西创造性地绘制出来，这样可以充分发挥设计师的直觉。在绘图的过程中，设计师将许多含有特殊因素的想法记录下来，开发出一套图示符号以快速方便地传达设计的概念和需要，这些图示符号就成为他个人专用的注释符号系统。

（一）气泡图设计方法

一般情况下，设计师喜欢在绘制气泡图的时候使用较多的颜色以便区分各功能要素，例如公共空间和私密性空间，声学和视觉的私密性，对光线、流线和外部景观的标注等等。

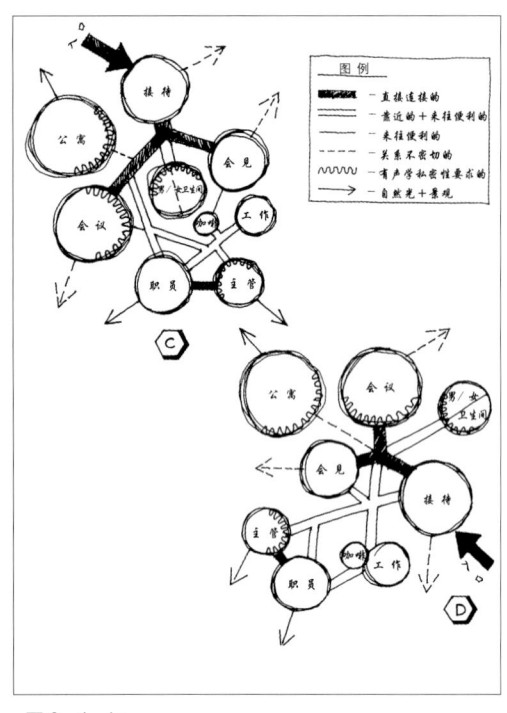

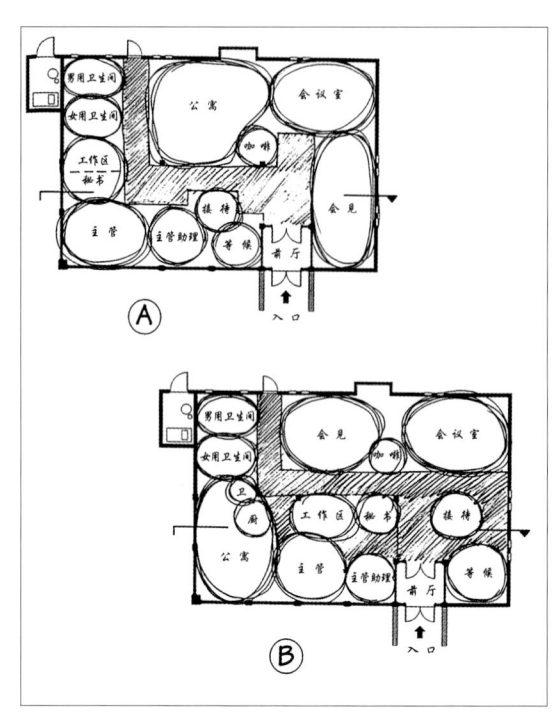

图 2-4-1a

图 2-4-1b

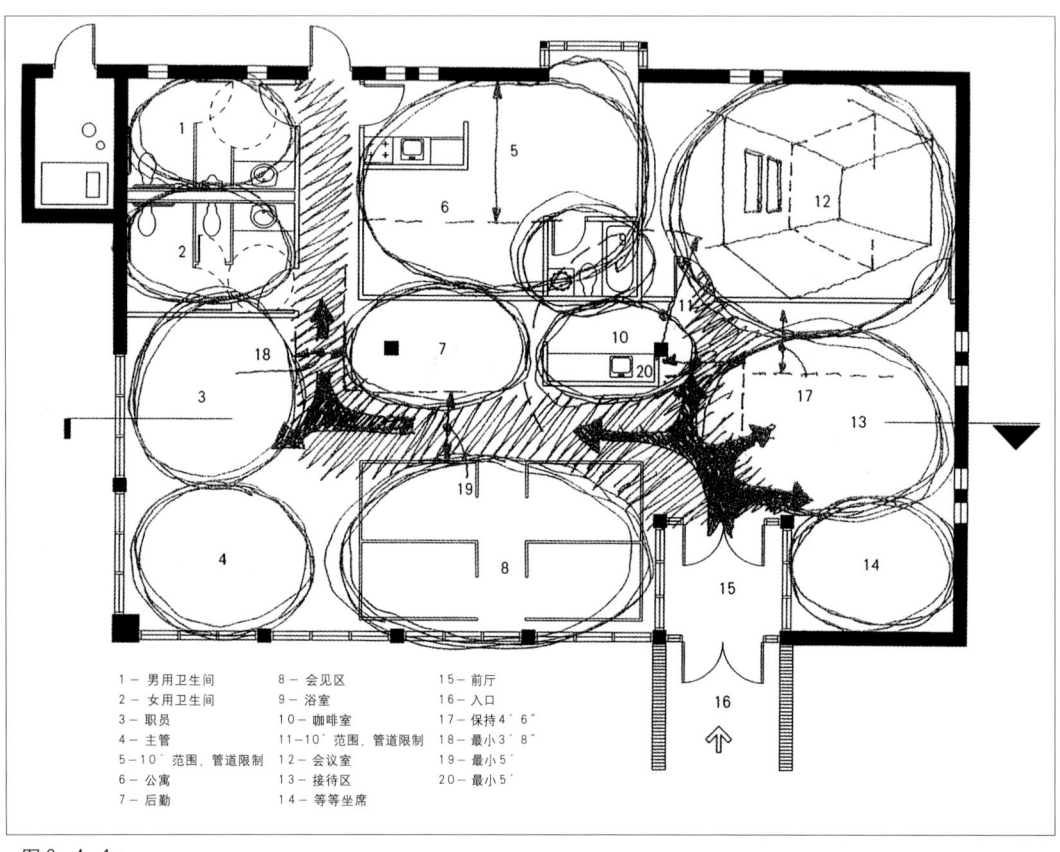

图 2-4-1c

气泡图设计方法的应用十分广泛,并不仅仅局限于办公空间设计,它适用于所有形式的室内空间设计的初步设计。设计过程是一个非常系统化的过程,绘制气泡图却是一个十分复杂、颇具创造性的过程,不会被机械地受到限制。(图2-4-1)

(二)块状图设计方法

块状图是另一种被广泛使用的初步规划手法,在大空间设计中应用尤其广泛。"块状图"的制图过程和所得到的结果与气泡图很相似,相对于气泡图来说,其主要优势在于成图更加接近于平面图的形式,很多设计师都因为块状图更具有几何形态而偏爱它。但块状图也有缺点,即缺乏气泡图在生成过程中固有的、自然流动的自发性和直觉性,同时,其采用的矩形形式也往往会使设计师忽略一些非矩形、带曲线的方案。

块状图可以手绘也可用电脑绘制。用电脑绘制时,一般只需要用AutoCAD软件画出一条条的直线(画出双线来代表隔墙的厚度是更好的方式),将不同的房间分隔开即可;如果是手绘,最好避免使用平行边和三角形,因为这样会使制图的过程变得缓慢而刻板。为了解决这个问题,可以在平面图下垫一张方格纸,以它作为绘图和比例的指导,进行徒手绘制。和气泡图一样,依靠直觉去尝试所有的可能性方案来绘制很多的块状图,这是试错法的一个基本过程。

块状图设计技巧的优势,就是使用房间和空间的纸制模板,因为可以通过模板的迅速移动,从而立即显示出平面关系的各种变化。首先,将厚实的纸板(如硬纸板)按照各个空间的形状和大小,切割成方形或矩形的块并标注好名称。在确定办公空间的尺寸时,要做到相对精确;在平面内移动、布置这些空间时,要留出适当的交通流线,直到获得一个可行的方案。(图2-4-2)

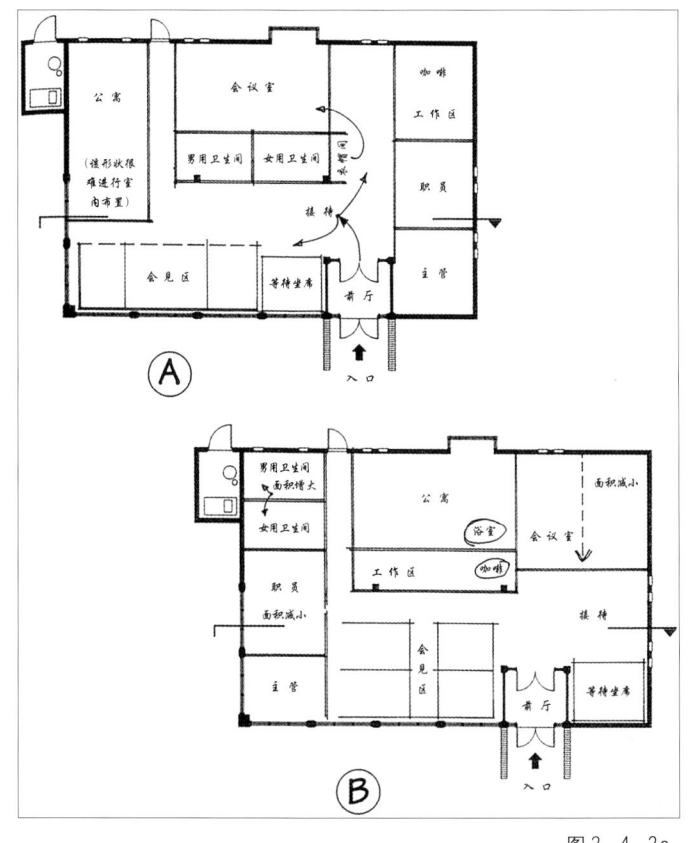

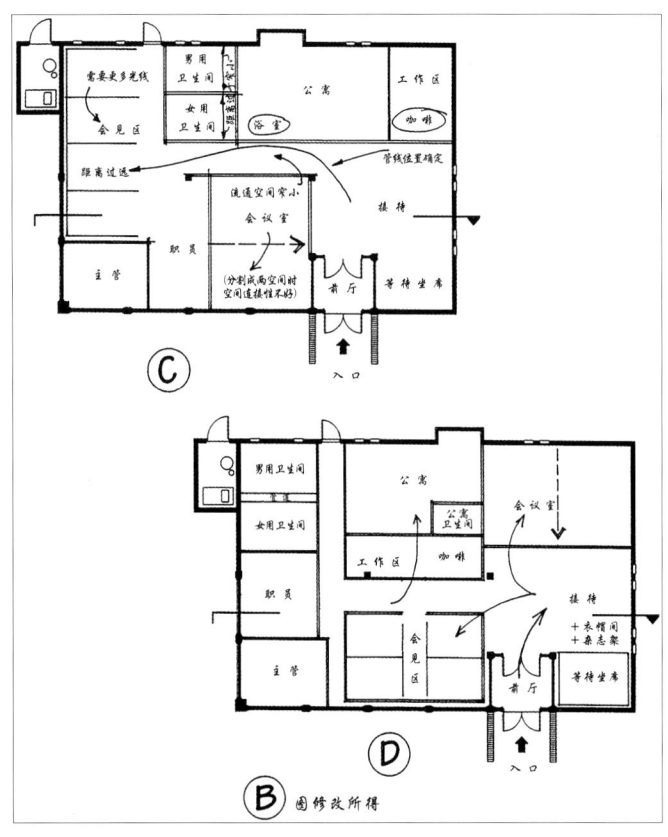

图2-4-2a

图2-4-2b

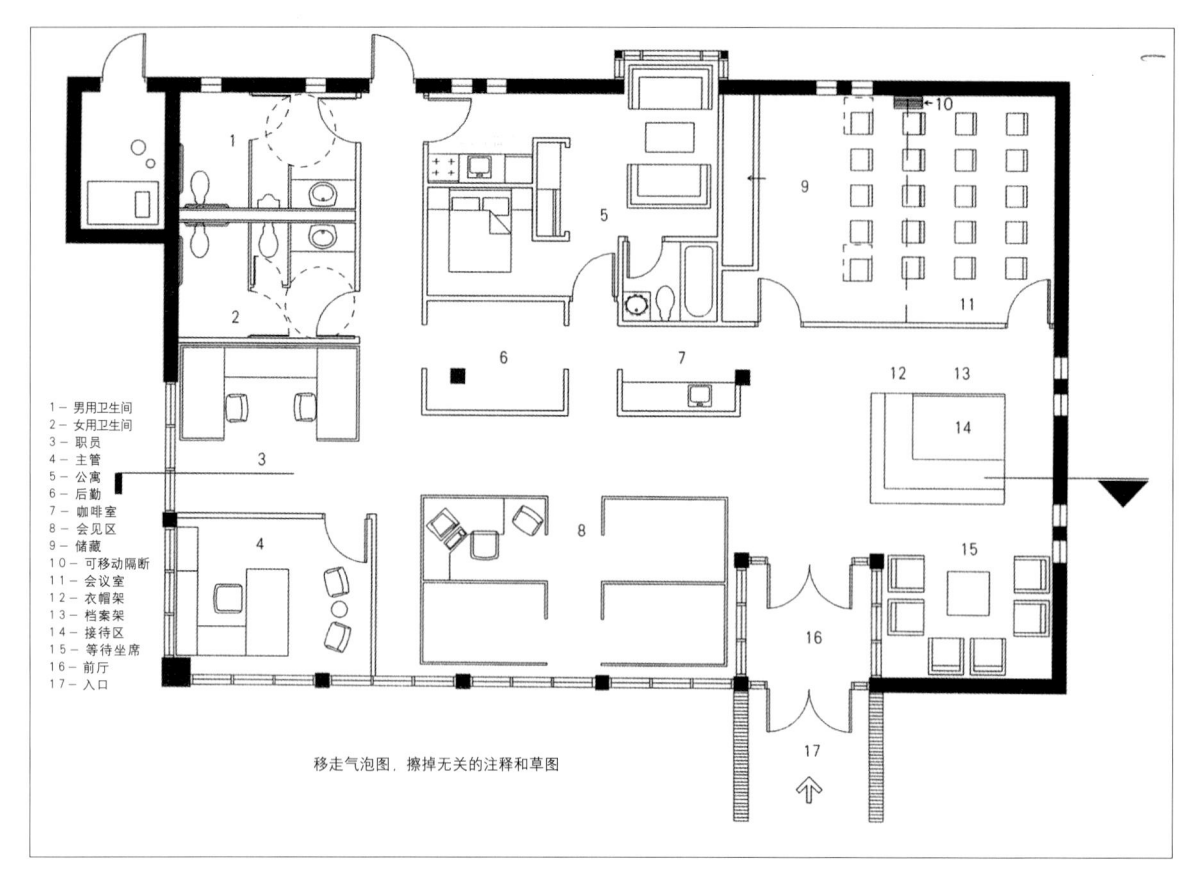

图 2-4-2c

1— 男用卫生间
2— 女用卫生间
3— 职员
4— 主管
5— 公寓
6— 后勤
7— 咖啡室
8— 会见区
9— 储藏
10— 可移动隔断
11— 会议室
12— 衣帽架
13— 档案架
14— 接待区
15— 等待坐席
16— 前厅
17— 入口

移走气泡图，擦掉无关的注释和草图

　　运用方案中的标准矩阵，将修改好的气泡图或块状图按照所有的设计需要再回顾检查一遍。这时就需要问自己一些问题，例如：空间邻接物的要求是否被满足了？交通流线是否顺畅？所有的面积尺寸都满足要求了吗？开窗位置是否符合功能的要求？视觉和声学私密性的需要是否满足？平面布置的时候是否满足了基本的审美和功能需要？基础的设备和家具是否能够适应这个空间？……一般说来，将你自己放在使用者的立场上，并问自己有没有一项基本功能被遗忘了？一些功能间的关系有没有不顺畅的地方？有不合规范的问题吗？……不要过于依赖初步方案，要记住它们只是过程的一个进展阶段。

　　通过初步的设计过程，气泡图和块状图产生了一个基本的空间组织方案。接下来就触及设计的核心问题，即需要制作一个符合使用者需要的平面方案，也就是一个将一系列相互冲突的标准协调起来的过程。这时，设计师需要在很多不同的问题上权衡利弊，即使是相对较小的空间都不得不包含很多复杂的、互相冲突的需要和要求，这些都需要设计师敏锐地做出决断。无论是用电脑绘图还是徒手绘制，初步的平面设计过程是大致相同的。在气泡图和块状图完成后，从中选出一个最好的方案继续发展为初步平面图。

　　在平面图的生成过程中，图中分歧通常会增多，此时最好把气泡图完全移开（移开绘有气泡图的描图纸或者关闭有气泡图的窗口），这样能有效避免注意力的分散或者形成的一种困扰。

在开始设计主空间的大部分任务中,都会有一个或两个尺度大、功能重要的常用空间。在安排好使用功能之后应该着手设计这样的空间,因为它们对于整个办公空间的功能使用来说是至关重要的。由于现有结构和尺寸的限制,它们只适合布置在建筑空间中的某几个位置。准确的房间尺寸和形式、出入口的位置和其他设计细节、如需要的设备、嵌入式家具或储藏柜等,都应该在这个设计阶段确定下来,并且对重点部位进行标注。

流线设计

在气泡图和块状图形成的过程中,交通流线的路径并没有很好地被确定下来,常常是随意地画出,占了很大的空间。对于交通流线和逃生路径的问题有很多严格的设计规范,在整个平面设计过程中都应按照这些规范要求来设计。

基本的空间分配

接下来要处理的是空间的布置、分配问题,即了解哪些空间需要优先考虑自然光和自然通风、私密性和声学控制(安静的区域)等问题。在初级阶段就要重视开门方向上的冲突,因为,当设计过程继续下去时,就很难再去修改这些矛盾。

家具和设备

当尝试着用隔墙分隔出房间和空间后,就可以立刻在其中布置家具和相关的设备了。在这个阶段,家具的最后布置不需要做得太细,确定基本家具布置方案在这个平面设计方案内的可行性是很重要的。

进一步完善设计

修改是一个漫长又艰难的初步平面方案修改过程。设计师在修改方案的过程中,将会发现平面方案与理想中的最佳解决方案之间的差距,这时,需要做的就是将准备好的气泡图和块状图进行重新修改。尽管做出这样的决定很难,但是第二个方案的形成要比第一个方案的形成快很多。完成了一个可行的初步平面草图,接下来就应该做出相应的天花板和照明布置的平面草图。

(三)采光、照明的整体布局

办公空间的光照设计都有其自身的整体系统,并且,各个办公区的光照之间存在着某种联系。如采取自上而下平均分布的方式,采取衍射、反射的方式配置等等。优秀的设计不是孤立地去处理采光、照明的关系,而是在一种内在的关联之中去发现和表达这种联系,从而形成一种特定的光序列,创造优良的光环境。

单元教学导引

目标与要求	本单元的主要教学目标就是要求学生了解办公空间的类型，懂得空间的分隔与组合方式以及设计规范，基本掌握办公空间的设计方法，即功能与空间的关系、空间的构成方式等，使学生能更全面地认识办公空间设计的内涵。 对室内空间的定义和类型有一个深入的认识和了解，掌握空间构成的方式方法，熟练地运用空间的分隔和组合方式；对室内空间尺度的把握、空间的布置、处理手法等有进一步的认识，并且掌握对空间组织、结构处理、界面处理的基本方法。
重点	深入地了解空间的类型，掌握室内空间的特点、功能和办公空间设计方法，并且能灵活运用空间的分隔和组合方法，懂得办公空间与使用功能以及环境的关系，在现有空间环境条件的基础上进行对空间的再创造。
注意事项提示	在本单元的学习上，教师应对一些重要章节进行系统地讲解，如办公空间的构成、分隔与组合方法、办公空间设计方法等。针对具体教学情况可对内容进行相应的补充，以便学生更多、更全面地学习，并且还可在课外安排学生查阅相关资料。
小结要点	本单元要求学生准确掌握办公空间的类型、办公空间设计规范及办公空间的设计方法。学生对本单元学习反应如何，作业过程中存在哪些问题，教师可根据学生共同出现的问题进行讲解和总结。

为学生提供的思考题：
办公空间有哪些基本类型？
办公空间的设计规范是什么？
空间的组合和分隔方式有哪些，特点是什么？

学生课余时间的练习题：
会议室或经理室办公空间设计（快题）

为学生提供的本单元的参考书目：
《建筑设计资料集》 中国建筑工业出版社
《室内设计学》 王建 艺风堂出版社

本单元作业命题：
行政办公区及接待厅空间设计（快题设计练习）

作业命题的原由：
在学习过程的这个阶段，成功掌握专业品质空间规划的技巧是非常重要的，要对该空间有个全面的认识。办公空间设计不仅仅是了解与把握其基本原理及实施程序，作为应用专业学科仅懂得理论知识是不够的，只有通过具体实践、亲身经历办公空间设计的每个阶段，才能真正对本教程讲授的基本理论有较深的理解、掌握办公空间的设计方法。

命题设计的具体要求：
画出功能分区图、流线分析图、总平面图、剖立面图、铺地平面图、天棚平面图、接点大样图等。

命题作业的实施方式：
以小组为单位进行市场调查，并对调查资料进行分析、研究，以确定设计方案。学生独立完成设计绘图。

作业规范与制作要求：
作业以文本呈现，在综合分析研究及设计思路明晰后，学生独立完成设计工作量。图纸用2号图纸统一绘制完成。如需制作模型的同学其模型比例可根据具体情况设定。

单元作业小结要点：
办公空间设计是否具有一定的实战价值，是否融入学生独具个性的想法，设计作品是否比较完整，具有一定的深度，思路是否明晰，有无创新点。

为任课教师提供的本单元相关作业命题：
尝试一些典型的办公区空间设计练习，我们可以得到更多有用的经验，找出适合自己的方式。1.事务所会议室，试做20人坐的空间方案，假设入口相对的墙上开窗；2.假设一个标准核心筒式高层办公楼建筑内的顶层无柱空间外墙联系性开窗。

第三教学单元

办公空间设计表现

室内设计作为一门空间艺术设计，涵盖于环境艺术设计之下。从环境艺术设计的观点出发，由建筑外部空间所构成的围合性场所，也具有其内部空间的特征，从而成为室内环境设计的一部分。

从环境保护的角度出发，当代室内设计应是一种"绿色设计"，在发达国家的室内设计领域中，已开始了绿色设计的研究与实践，绿色设计在这里包含着两个层面的意义：一是现在所用的大部分室内装饰材料，如涂料、油漆之类等等，都不同程度地含有并散发出污染环境的有害物质，设计时必须采用新技术使其达到洁净的绿色要求；二是在室内、外空间大量运用绿化手段，用绿色植物创造生态环境。在过去的室内空间设计中，更多的是注重对实体的营造，如何美观，如何大方，却不同程度地忽略了空间的使用者——人对室内空间的感受。另外，对历史主义、民族情调、怀旧情绪、人性化的追求，已成为当今设计思潮中一种不可忽视的力量。

环境意识将成为室内设计的主导意识，从发展的眼光看，未来的办公空间设计必须配合环境艺术设计的整体系统。从这一概念出发，任何一项没有环境整体意识的、缺乏人性化的设计，都只能是不成功的设计。现代办公空间设计的重心已从建筑空间转向时空环境（三度空间加上时间因素），以人为主体，强调人的参与和体验，强调室内空间设计。这是进一步对建筑所提供的内部空间进行再创造，即在建筑设计的基础上进一步调整空间的尺度和比例，解决好空间与空间之间的衔接、对比、统一等问题。

一、形态学的表现方法

　　我们知道,空间本身的存在是无形的、不能触知的,因此,也就无所谓形态性。尽管如此,我们可以把形成空间的实体作为媒介以达到触知的目的。这里的"空间"指的是不包括实体在内的空间关系,即负的形态。这种负的形态也是知觉对象,也可以表现人们的生存方式和感觉方式,所以认识负的形态,也是人类意识进化的一种表现。人类把意识表象化,从而使空间有形化,这种"形"是通过传递实体之间的关系而表现的。就三维的空间形态的整体来看,包括实体形态与虚体形态两个部分,而人们在感知空间形态时,对这两方面是有所区别的。实体形态的视觉表象是静态的;而虚体形态的视觉表象则是动态的,含有时间因素的,而且注重的性质也有所不同。对实体形态而言,人们感知的是它的外部;对虚体形态而言,人们的感知产生在实体之间。因此,室内空间的形态要素不光有实体的"点"、"线"、"面"、"体",还包含了"虚的点"、"虚的线"、"虚的面",而"虚的体"就是一种心理上的存在,它也许是不可见的,但它可以被实体暗示或被关系感知。这种感觉有时是清楚明显的,有时是模糊含混的,它表明了结构及部分之间的关系,这正是我们分析空间的一个着眼点。因为,这是把握形的主要特征的一种提示性的要素,也是室内空间视觉语言中的另一些重要语汇。

　　对于空间形态的艺术创造,我们必须从实体形态要素出发,以便对虚体形态要素进行更多的考虑。体虚、实体两方面都不能忽略,这也是室内空间设计方法中的形式研究和空间研究的重要环节。(图3-1-1)

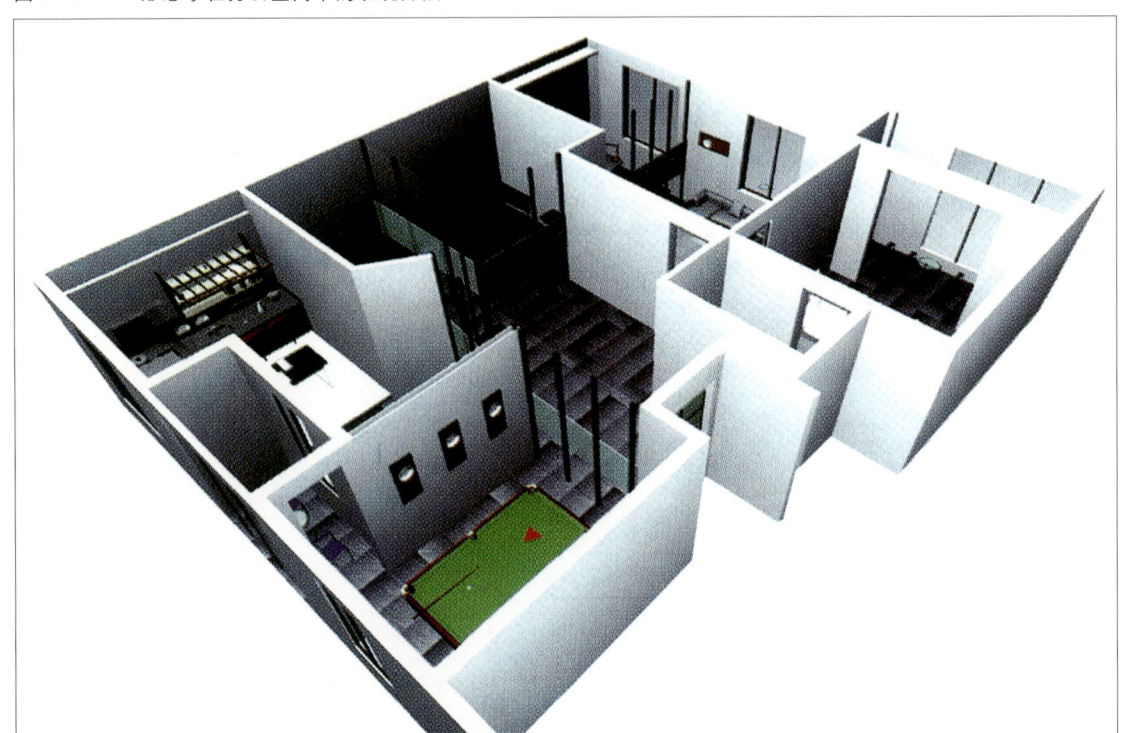

图3-1-1　形态学在办公空间中的表现方法

图3-1-1a

图3-1-1b

（一）实体形态的创造表现

实体形态占据三维空间，并且具有体的性质。人们对世间的一切，首先是从视觉方面去感受，对某种形态本身也是因为视觉的感受而获得形象的，这是创造实体形态的基本思路。

我们如果将实体的形分解，可以得到点、线、面和体等基本构成要素。这些基本构成要素在造型设计中具有普遍性的意义，其主要表现为客观存在的限定要素：地面、墙面、顶棚。我们把限定的空间比喻为一个空盒子，把这些限定空间的要素称为界面，界面的形状、比例、尺度和样式的变化，造就了室内空间的功能和风格，使之呈现出不同的氛围。

（二）实体形态的相关要素

对于室内的诸多实体，我们将其看成点、线、面或体，这些点、线、面或体不由固定、绝对的大小尺度来确定，因为，在感觉上它们是由一定视野、一定的观察位置以及它们自身比例与周围其他物体的比例关系所决定的，也是由它们在造型中所起的作用等许多因素所决定的，而这些都是相对的。点、线、面、体在室内空间中各有各的独特表现形式，从而形成了在空间形态中各自不同的视觉效果。

1. 点

在室内空间中，点处处可见。较小的空间形都可以称作是点，它可起到在空间中标明位置或使人集中注视的作用。空间中的点是静态的、无方向的，如墙面的交汇处、扶手的终端、小的装饰物等都可视为点。一幅小的装饰画、一面墙或一件家具，对于一个房间都可完全作为视觉上的点来看待，只要相对于它所处的空间来说足够小，而且是以位置为主要特征的。尽管相对来讲点很小，但它在室内空间中常

图 3-1-2

图 3-1-3

图 3-1-2～图 3-1-4 以圆为出发点,通过半径的不断扩大来安排整个空间的功能布局。

图 3-1-4

可起到"以小胜大"的作用。(图3-1-2～图3-1-4)

2. 线

在室内空间中,作为线出现的视觉现象很多。有些线状的空间组合是刻意被强调出来的,例如作为装饰的线脚、结构的线条等等。当然也有一些是有意隐蔽起来的,如被吊顶遮挡的梁柱、设备的管线等。(图3-1-5、图3-1-6)

图3-1-5

图3-1-6

在办公空间中,最常见的线无疑是垂直线和水平线了。一条垂直线,可以表现一种竖向的,或者人的平衡状态,或者标出空间中的位置。一个特定的点,在作为垂直线要素的柱子或装饰灯柱上,有时可以用来限定通透的空间。垂直线给人的感觉一般来说是向上、崇尚、坚韧、平和等,直线的造型一般给人带来规整简洁、富有现代气息的感觉,但过于简单规整又会使人感到缺乏人情味。斜线给人的感觉则是不安定和动势,而且多变化,因此它是视觉上呈动感的活跃因素。直线与曲线相比,其表情是比较单纯而明确的,在尺度较小的情况下,直线可以清楚地表明面和体的轮廓和表面,曲线常给人带来与直线不同的各种联想。抛物线流畅悦目,富有速度感;螺旋线又具有升腾感和生长感;圆弧线规整、稳定,有向心的力量感。这些线条用得十分广泛,可以用在装饰材料之中或之间的结合处,或者是用于门窗周围的装饰套,或者是梁柱的结构网络等等。

3.面

面可被看成是体或空间的界面,起到限定体积或划分空间界限的作用。在办公空间立面限定形式和空间的三维特征中,每个面的属性(尺寸、形状、色彩、质感)以及它们之间的空间关系,将最终决定被这些面限定的形式所具有的视觉特征以及它们所围合的空间的质量。

在办公空间设计中,最常见的面莫过于顶面、墙面和基面。顶面可以是房顶面,这是建筑为避免对气候因素给人带来伤害的首要保护条件,也可以是吊顶面,这是室内空间中的遮蔽或装饰构件。墙面是视觉上限定空间和围合空间最积极的要素,它可实可虚或虚实结合。它们特有的视觉特性和在空间中的相互关系决定了它们界定的空间的形式与特征。(图3-1-7~图3-1-9)

图3-1-7

图3-1-8   图3-1-9

在空间设计中，直面最为常见，绝大部分的地面、墙面、家具等造型都是以直面为主的。尽管作为单独的直面其表现形式显得较为呆板、生硬、平淡无奇，但经过很好地组合安排后也会达到活泼、生动的综合效果。斜面可为规整的空间带来变化，在水平视线以上的斜面使空间显得比同样高度的方形空间低矮而给人亲近的感觉，同时也带来空间的透视感，引人视线向上；在水平视线以下的斜面常常具有功能上较强的引导性，如斜的坡道等，这些斜面具有一定动势，使空间变得富有流动性而不至于呆滞。曲面同样也很常见，它可以是水平方向的，如贯通整个空间的拱形顶，也可以是垂直方向的，如悬挂着的帷幕、窗帘等，它们常常与曲线联系在一起共同为空间带来变化。作为限定或分割空间的曲面，它的限定性比直面更强，曲面内侧的区域较为明显，人可以有较强的安定感和私密性。而在曲面外侧的人会更多地感到它对空间和视线的导向性。通常曲面的表现形式更多的是流畅、舒展，富有弹性和活力，空间带有流动性和明显的方向性，引导人的视线与行为。

室内空间的地板面，也是空间设计的一个重要的设计要素，它的形式、色彩、图案以及材质将决定空间的限定程度。同时，地板面也起到视觉背景的作用，以衬托在空间中可以看到的其他要素。地板面是可以被处理的，可以把它做成台阶或平台，把空间的尺度分成适合于人们的量度，也可以将它局部抬高或下沉，以显示一个较强的领域。

当人在室内空间中活动时，通常来说，地板面和墙面之间的距离感比较密切，而与顶棚的距离常常显得相对较远，有点可望而不可即的感觉。顶棚几乎成为空间中纯视觉的要素，但它可以和建筑的形式相呼应或者直接展现出它的结构，也可以通过重新吊顶，创造一种全新的顶棚造型。

4．体

它是由面的形状和面之间的相互关系所决定的，这些面表示着体的界限。作为空间设计语汇中的三维要素之一，体，可以是实体（体的部分占据空间），也可以是虚空间，即由面所包容或围合的空间。体的形态映衬着空间中的尺寸、大小、尺度关系以及颜色和质地，同时，空间也映衬着各种体的形态，这种体的形态与空间之间的共生关系，可以通过空间设计中的比例、尺度的层次去感知。

体可以是规则的几何形体，也可以是不规则的自由形体。在办公空间的设计中，体大都是较为规则的几何形体以及简单形体的组合。体有很多组合与排列方式，基本上与前面提到的排列与组合类型相似，如成组、对称、堆积等。体表面的装饰处理也会使视觉效果得到一定程度的改变。（图3-1-10、图3-1-11）

图3-1-10

图3-1-11

图3-1-10、图3-1-11 用玻璃砖砌成的半透明的"体"使整个空间具有材料的贯通性——空间分而不断。

办公空间设计中,更多的是体同时与线、面组合在一起的造型。因为从视觉与心理效果来看,体的分量足以压倒线、面而成为主导。

5. 形状

形状是形式的主要辨认特征,是一种形式的表面轮廓或者体的外部特定造型,是一种形式区别于另一种形式的根本手段。它参照一条线的边缘、一个面的外轮廓或是一个三维立体的边界而形成。在任何情况下,形状都是由线或面的特有外形所决定的,这个外形将它从背景或周围空间中分离出来,因此,对于形状的感知,要靠形式与背景之间视觉对比的程度来进行。在空间设计中,一般涉及的形状有:围起空间的界面构件(墙、地、顶)、家具、色彩、绿化、水体、雕塑、灯光(灯具)及陈设等。(图3-1-12、图3-1-13)

形状可分为自然形、非具象形和几何形三大类。自然形表现的是自然界中的各种形象和体态,保留着它们天然来源的根本特点。非具象形就是不去模仿特定的物体,也不参照某个特定的

图3-1-12

图3-1-12、图3-1-13 形状在办公空间中的运用

图3-1-13

主题,一种是按照某一程式化演变出来的,诸如书法或符号,携带着某种象征性的含意,另一种是由它们纯视觉的几何性诱发而生成的。几何形在室内空间设计中运用最为普遍,它有规整的形态,如曲线中是圆形,直线中则包括了多边形系列。在几乎所有的形态中,最容易被人记住的要算是圆形、正方形和三角形,它们反映到三维中,就出现了球体、圆柱体、立方体等。

6. 方位

简单说来,方位就是形式与环境和人的观察视域有关的位置。方位对于室内空间的整体格局以及空间的分隔、组织与联系都有着很大影响。

二、室内色彩与办公空间设计

室内色彩设计不仅是创造视觉效果、调整气氛和表达心境的重要因素,而且具有特有的表现功能,如:调节光线、调整空间、配合活动以及适应气候等。

室内色彩从结构的角度上讲分为三部分:一是背景色彩,常常指的是室内固定的天花板、墙壁、门窗和地板等等这些室内大面积的色彩。根据面积原理,这部分色彩适于采用彩度较弱的、沉静的颜色,使其充分发挥背景色彩的烘托作用;其次是主体色彩,指的是那些可以移动的家具和陈设部分的中等面积的色彩组成部分,这些才真正是表现主要色彩效果的载体,这部分的设计在整个室内色彩设计中极为重要;再有就是强调色彩,指的是最易发生变化的摆设部分的小面积色彩,也是最强烈的色彩部分,这部分的处理可根据性格爱好、环境需要来设计。

(一)室内色彩设计心理学及其他要素

色彩的实用设计从外观形式到深层内涵,涉及面很宽。例如与色彩的生理学相并行的原色彩心理学,揭示出人在接受电磁波讯号时,所产生的人的情感、情绪的愉快、活泼之感,忧伤、悲戚之情。热情与沉寂,喧嚣与肃穆,轻快与忧郁,神秘与坦荡,沉默与躁动,平和与激扬,兴奋,陶醉,幻想,期望……都可由色彩导引的心理反射所左右。人们还把色彩的心理和色彩的象征联系在一起,试图将黄色设定为活泼,蓝色设定为谐和、淡漠,黑色设定为恐怖、死亡……诚然,色彩与人们的经验、联想联系在一起,确存在着某种规定性契合。但色彩的心理学这个课题十分复杂,譬如色彩心理与地域、民族、民俗、历史、时代,甚至与个人的经历、文化、性格、思绪的变换……都有着不可分割的联系,因而在色彩心理规律的认识和实践中,依据工程要求,尊重实际和避免形而上学进行设计,对于一个成熟的设计师至关紧要。

其他诸如色彩设计与时空、时令、季候,色彩设计与环境、背景,色彩设计与体量、距离,色彩设计与规范中心、主题,色彩设计的节律、均衡,色彩设计的普遍性原则与个性特征以及色彩设计与情感、氛围等等,都是我们在作室内色彩工程设计的过程中,应注重研究和实践的课题。

(二)室内色彩与空间

对美的追求是人类长期以来共同不变的追求,在精神文明和物质文明不断向前发展的现代社会,人们对美的追求是全方位的,要求亦是高水准的。这就要求我们的设计师运用室内设计这一与科学、艺术和生活相结合的手段，展示现代人的文明生活环境，并透过空间塑造方式提高人们的精神境界和文明水平。室内设计体现的是设计师的智慧，设计的是现代人崭新的生活方式，它能使人们增加幸福感，同时，提高人们的生活质量和体现生存价值。

由于色彩的本质属性，容易使人产生生理和心理上的错觉，因此，它对室内空间具有面积和体量上的调节作用。根据色彩的特性，高明度、高纯度和暖色相的色彩具有前进性，低明度、低纯度和冷色相的色彩具有后退感。同样，高明度、高纯度和暖色相的色彩具有膨胀感，低明度、低纯度和冷色相的色彩具有收缩感。如室内空间过大或过小、过高或过矮这样一些给人不太舒服的感觉，都可以运用色彩给予一定的调节。

1．室内色彩的明度对室内空间的影响

如果感觉室内空间过于狭窄、拥挤，或者采光不理想，就可以采用具有后退感和明度相对高的色彩来处理墙面，使室内空间获得较为宽敞和明亮的效果。反之，

图3-2-1

图3-2-2

图3-2-3

图3-2-1 在办公空间中，准确地运用色彩明度关系表现空间的进退，使原有的狭窄空间在视觉上更加宽敞。此室内设计用旧建筑材料和先进技术创造舒适的办公环境，使办公空间更自然。
图3-2-2 纯度色彩在办公空间中的运用
图3-2-3 色调在办公空间中的运用
图3-2-4、图3-2-5 利用色彩来营造舒适的办公环境。
图3-2-6 单色相在办公空间中的运用

图 3-2-4

如果室内空间过于宽敞、松散，就可以采用具有前进感的色彩来处理墙面，使空间变得亲切而紧凑。（图 3-2-1、图 3-2-2）

2. 室内色彩的纯度对室内空间的影响

如果室内空间较为宽大时，无论是家具或是其他陈设需采用膨胀性较大的、纯度较高的色彩，使室内产生充实的感觉。如果室内空间较为拥挤、狭窄，室内家具和陈设则需采用收缩性较强、纯度较低的色彩，使室内产生宽敞的感觉。（图 3-2-3、图 3-2-4）

从色彩心理的角度讲，色彩具有重量感。纯度高的色彩重，纯度低的色彩轻；亮色轻，暗色重；彩度高的色彩较轻，彩度低的色彩较重；同明度同彩度的暖色彩较轻，冷色彩较重。轻的色彩具有上浮感，重的色彩具有下沉感，如果室内空间过高，天花板可采用略重的、具有下沉感的色彩，地板可采用较轻的上浮性色彩，使室内的空间高度得到适当的调整。相反，如果室内空间太矮，天花板则需采用较轻的浮性色彩，地板则可采用略重的、具有下沉感的色彩，使室内空间产生较高的感觉。

3. 室内色彩的色调对室内空间的影响

明亮的色调使室内空间具有开敞的、空旷的感觉。使人的心情开朗；暗色调会使室内空间显得紧凑、神秘；明亮并且鲜艳的色调能使室内环境显得活泼，富有动感； 冷灰较暗的色调会使室内气氛显得严肃、神圣。纯度低的浅色调会显得很休闲，因为，浅浅的低纯度的色彩不会较强地刺激人们的视觉，从而就不会在心理上引起强烈的反应，在这样的环境中活动起来就会很放松，不会瞻前顾后。（图 3-2-5、图 3-2-6）

图 3-2-5

图 3-2-6

（三）室内色彩的体现风格和个性

室内色彩的配置既能体现人的性格，又能影响人的情绪。人的性格或开朗、热情、豁达、坦诚，或内向、平静、稳重、典雅，都能从这个人对色彩的喜好上体现出来。一般说来，喜欢浅色调和纯色调的人多半直率、开朗，喜欢灰色调和暗色调的人多半深沉、含蓄；由此看来，喜欢暖色调的人热情活泼、开朗大方，喜欢冷色调的人平静、内向。合理地运用色彩的和谐配置，常常会使人感受到并且保持一种全新的、愉悦的心情和饱满的精神状态。

（四）室内色彩可调节心态

色彩环境对于人的精神状态的影响是最为重要的，也是设计师们所关注的。歌德曾提到："一个俏皮的法国人自称，由于夫人把她室内的家具颜色从蓝色改成了深红色，他对夫人谈话的声调也改变了。"可见，室内色彩氛围以及由此呈现出的某种情调，会极大地影响人的情绪。总之，暖色调、浅色调、纯色调等都能使人心情愉悦，冷色调、暗色调、灰色调使人冷静、深沉。（图3-2-7、图3-2-8）

图3-2-7

图3-2-7、图3-2-8　室内色彩可调节人的情绪

图3-2-8

（五）办公空间设计中的色彩运用

按规律，室内色彩设计大致可分为两大类：关系色类和对比色类。关系色类包括单色相和类似色相，对比色类包括分裂补色、双重补色、三角色、四角色等多种色彩设计类型。总之，无论哪一类型的色彩计划，都必须考虑室内设计的综合效果，并需要加以制定。

1. 色彩的和谐

设计师向来关心和研究的主要是色彩的和谐。怎样才能使办公空间的色彩搭配更加趋于合理，如何能使各种色调变化最融洽地相互结合在一起？色彩运用的一条重要规律是"和谐"，平衡便可以取得和谐。视觉的生理和心理特征要在神经大脑中求得平衡，是要通过色彩给人的视觉、大脑以平衡条件，从而达到精神的愉悦。但什么是和谐，怎样才能达到和谐呢？人们对和谐的理解和运用方法有不同的观点：有人认为和谐就是次序，也有人认为要从对比中求得和谐。从实践的观点看，次序论的基本原则是寻求一种较为单纯的、有限的、稳定的和谐；而对比论的基本原则着重于寻求一种更为广阔的、有动力的、矛盾统一的和谐。前者具有较重的主观性，后者力图强调要将和谐建立在客观（主要是补色规律）的基础之上。

2. 单色相在办公空间色彩设计中的运用

单色相，顾名思义即选择一种适当的色相，使室内整体上有一个较为明确的、统一的色彩效果。在设计中，充分发挥明度与彩度的变化作用，以及白、灰和黑色等无彩色系列色的配合，把握好统一而适度的色调，这样就能够创造出鲜明的室内色彩氛围，并充满某种情趣。有了较为明确的色彩倾向，色彩的表现特征才会显现出来，例如图3-2-9，整个室内空间显得明快、开阔，气氛高雅。这种单纯的、柔和的、中性色系的单色相色彩计划的应用在医院、博物馆、展览馆等的室内色彩设计中也并不少见。

3. 类似色彩在办公空间色彩设计中的运用

类似色彩用于室内的色彩设计中会使人感觉到有一种在统一中求变化的视觉效果，在运用类似色彩的同时也可以适当加入无彩色系的色彩予以配合。根据奥斯华德色彩和谐原理，凡是在75度之间的色彩皆具有类似、和谐的效果；根据

图3-2-9

孟·史斑莎色彩和谐原理，类似色是指0度所标示的选定色与25度～43度之间的色彩所形成的组合彩色，但0度～25度之间的色彩将造成暧昧效果。在理论上，两个原色之间的色为协调类似色。（图3-2-10）

图3-2-10 类似色彩在办公空间中的运用

办公空间色彩的设计，首先要根据对象确立一个色彩基调，也就是色彩的总倾向。决定色调的主要因素在于光源色和物体本身固有的色彩倾向，为了实现室内色彩设计的和谐效果，可通过装饰材料的选择，室内陈设的色彩设计，光源的利用，包括对日光源和人工光源的合理利用等等来完成，因为，没有光线，一切视觉现象都不可能存在。但是，室内光线，一方面必须要能满足功能的需要，要有实用价值；另一方面，则又要求能满足表现视觉效果和情感因素的需要。只要将这些因素进行综合调节运用，就不难营造出一个赏心悦目的、有着独特情调的办公空间环境氛围，并且能与人的感觉达成一致。

三、办公空间的采光、照明设计

没有光，色彩就不能被感知。光，有自然光源和人工光源之分。在自然光线下，随着天气、时间的变化，物体的色彩也会相应地发生变化。然而，对人工光源的认识就更加复杂，这个问题的关键是认识人工光源的演色性或色彩效果。人工光源下所呈现出来的色彩效果的不同，是因为人工光源的光谱分布与自然光不同。在不同灯光下，如在白炽灯、荧光灯、水银灯下，物体的色彩各有不同。

室内色彩在某种程度上可以对室内光线的强弱进行调节。因为各种颜色都有不同的反射率,实验显示,色彩的反射率主要取决于明度。在理论上,白的反射率为100%、黑的反射率为0。但在实际上,白的反射率在64%~92.3%之间,灰的反射率在10%~64%之间,黑的反射率在10%以下。

孟赛尔所定的无彩色反射率表

符 号	白	N9	N8	N7	N6	N5	N4	N3	N2	N1	黑
明 度	10	9	8	7	6	5	4	3	2	1	0
反射率	100%	72.8%	53.6%	38.9%	27.3%	18.0%	11.05%	5.9%	2.9%	1.12%	0

一般室内合理反射率表

部 位	明 度	反射率
天花板	9	78.7%
墙 壁	8	59.1%
壁 腰	6	30.0%
地 板	6	30.0%

公共室内合理反射率表

部 位	明 度	反射率
天花板	N9 以上	78.66% 以上
墙 壁	8~9	69.10%~78.66%
壁 腰	5~7	19.77%~43.06%
地 板	4~6	12.00%~30.05%

色彩的纯度越高反射率越大,但必须与明度相互配合才能决定其反光性能。这样,我们就可以根据不同的室内空间的采光要求,选用一些反光率较高或者较低的色彩来进行室内光亮的调节。一般来讲,室内曝光强的,可以选用反射率较低的色彩,以平衡强烈光线对视觉和心理上造成的刺激。相反的,室内曝光太暗时,则可采用反射率较高的色彩,使室内光线效果获得适当的改善。

(一)室内采光、照明的宗旨

采光、照明必须以人的健康和精神愉悦为目的,因为室内设计的接受者是人。采光、照明既要避免追求过分的"灯光辉煌"效果,也要避免过分昏暗和耀目眩光的效果，这些都会造成人的生理损害及心理的反常。合理的采光、照明设计，即使人长时间身居其中也不会导致视觉疲劳和精神烦扰，并且还可提高人的思考力、记忆力、工作效率，产生光照的舒适和愉悦感。

室内空间的采光、照明设计需要依据室内使用功能而定，即使在同一建筑内，其具体使用性质的差异也对采光有不同的要求。如起居室宜采用柔和而且具扩散性的光照；卧室宜采用柔和非直射性的光照；厨房与过道、书房与浴室采光设计也各有特点；宾馆、酒店的大堂和高级住宅的客厅，可选配与装饰风格相宜的吊灯，以烘托空间造型美感，构成视觉中心；在梯道、廊道设置壁灯，能增添楼道光色效果；舞厅的电子频射灯、转灯等，除光照的美感外，还具有旋转与节奏功能；舞池地面的彩灯带、各类镜前灯、吧台暗藏灯等，在特定的室内空间中都具有微妙的装饰效果……因此，恰到好处地进行采光、照明设计，不仅关系到能源的控制，而且关系到室内功能能否很好地被利用，还会对人的健康及精神生活带来影响。

（二）办公空间的采光设计

光，是办公空间活力的主要来源，没有光照就看不见形状、色彩、质地，也无法看见任何视觉上的空间围护面。因此，采光设计的首要功能就是要照亮办公空间以及种种形态，并且让人方便、舒适地进行各项活动。

采光设计应着眼于光照的强度，也应着眼于光照的质量。因为光影的虚实、形状、色彩以及光线的强弱、明暗对办公室内环境气氛的创造起着举足轻重的作用。采光一般分为自然采光和人工采光。自然采光和人工采光有着不同的物理特性和视觉形象，不同的采光方式有着不同的采光效果和光照质量。特定的采光可以用不同的发光体的组合来实现，选用何种发光体，以及如何布置，不仅要根据可见度的需要而定，还要根据采光空间的性质和使用者活动性质的需要而定。在采光与照明设计中，自然采光受开窗形式和位置的制约，人工采光受电气系统及灯具配光形式的制约。因此，发光体的布局及其光照图形应该和办公空间的使用要求协同考虑。(图3-3-1、图3-3-2)

照亮一个空间可以有三种方法：均匀的照明、局部的照明和重点的照明处理。均匀式照明是以一种均匀、普遍的方式去照亮空间，这种照明的分散性可有效地降低空间环境表面之间的对比度，可以用来减弱阴影，使空间转角处变得柔和自然。局部照明是为了某种特定活动而去照亮空间的特定区域，光源通常被置放在区域上方、侧面或附近，有时也常把局部与均匀两种照明方式结合起来使用，使空间整体中有变化、虚实相生、层次丰富。重点照明实际上是局部照明的一种特定形式，它产生各种聚集点以及明暗之间的韵律图形（在此，阴影也成为一种视觉图形），以替代那种仅仅为了照亮的原始功效，重点照明可用于缓解普通照明的单调和平淡，突出空间的特色和审美趣味。(图3-3-3)

（三）设计"静"态与"动"态相联系的光照效果

光线的变化可使空间具有一定的动感，还可以和其他手法结合运用，使空间变化丰富。自然光的利用也是很普遍的，一些共享空间和不定空间利用此手段都取得了很好的空间效果。

第三教学单元　办公空间设计表现　73

图3-3-1　人工照明在办公空间中的具体运用

图3-3-2　人工照明与自然采光相结合

图3-3-3　重点办公照明设计

由于人的位置移动而感受到的流动变化的办公空间,可理解为主观动态办公空间。我们强调的空间是建筑艺术特有的表现形式,因为它既不同于绘画的二维空间艺术,也不同于雕塑的三维空间艺术。(图3-3-4、图3-3-5)

图3-3-4 动静结合的照明效果

图3-3-5 动静结合的照明效果

一般说来,当自然光从窗和门射入时,我们可以通过窗和门的开闭,通过窗和门的位置、角度与造型变化来营造某种空间效果,还可以通过窗帘、窗门纱、百叶窗以及不同质感的玻璃的折射,反光板的各种造型、材质、色泽设计等处理,营造某种空间效果。固定的灯光都是定点、定位的投射,但可以通过调整光照量与质的关系,达到理想的采光效果。无论是自然光照的设计手法,还是人工采光设计,我们都能无一例外地看到光照之间静与动的相辅相成关系,给环境带来的生动局面。例如从大格窗射进的自然光感过强时,便可以于工作时用格栅减弱炫目的强光,以弱直射与强射光创造出室内的柔和光环境。(图3-3-6~图3-3-8)

图3-3-6 自然采光在办公空间中的运用

图3-3-7 人工照明在办公空间中的运用

图3-3-8 人工照明与自然采光相结合

1．采用具有动态韵律的线条，组织并引入流动的空间序列，能产生一种很强的导向作用，方向感比较明确。同时，空间组织也可灵活，使人的活动路线不是单向而是多向的。

2．利用自然景观，如瀑布、花木、喷泉、阳光等造成强烈的自然动态效果。（图3-3-9）

3．利用在视觉上对比强烈的平面图案和具有动态韵律的线型。

4．借助声、光的变幻给人以动感音响效果，包括优美的音乐、小鸟的啼鸣、泉水和瀑布的响声等。其目的在于尽快消除人们的疲劳，使空间充满诗一般的温馨意境。

图3-3-9 利用自然景观造成自然效果

四、办公空间绿化植物的选用

（一）根据植物条件选用

各种植物均有不同的属性及特点，选择植物时，首先要考虑确保植物的生长条件，考虑室内光线、照度、温度、湿度等诸多因素。

阴性类植物：适应于室内空间中阳光充足的位置。如大丽花、瓜叶菊、茉莉、月季、仙客莱、吊镜海棠、报春花等。

半阴性类植物：适应于室内空间中光线散射的位置。如杜鹃、含笑、桂花、茶花、抽藤、凤梨等。

耐阴类植物：适应于光线散射且空气温度大的室内空间。如墨、剑、春等。

（二）根据室内条件选用

即根据办公空间条件和空间面积的大小来决定配置的品种及数量。大型办公公共场所，就较适合于大棵型的木本植物；小办公空间则宜选择小棵型的草本植物，如百蒜、秋海棠、水仙等。

（三）根据室内绿化植物的位置选用

植物要真正起到美化空间的作用，在室内放置的位置需细心考虑。室内中心视点即室内活动的中心部位，是人们视点的集中交汇处，此处摆放植物，会对人们的视觉产生直接作用。办公间的角隅，也往往是难于利用之处，选择角隅作为植物设置点，会起到填补剩余空间，使室内死角焕发出生机的作用。门、窗是室内与外界的连接处，是人们活动最频繁的地方，在那里摆放植物，会给进出者以迎面而来的愉悦感。如在公共场所的入口处摆放几盆花草，步入的宾客会油然而生清新感；在窗台上或窗口处摆放植物，能加强与外界的视觉联系，还可以消减噪音；在人们活动相对静止的区域放置植物，会增添局部的安静感；即便是在室内人流受阻区域，如柱子这些位置有规律地设置植物，既不会影响人们行走路线的畅通，又可使处于不停活动中的人们相对地消减疲劳感。（图3-4-1～图3-4-6）

现代办公空间的设计趋向于重视人及人际活动在办公空间中的舒适感与和谐氛

围，适当设置室内绿化、布局上柔化室内环境的处理手法，有利于调整办公人员的工作情绪，充分调动工作人员的积极性，从而提高工作效率。

总之，室内绿化应有利于健康，植物应无毒、无恶臭，无不良分泌物，散发的气体对人体无刺激，不影响呼吸和室内卫生，有益于人们身心健康。

图 3-4-1

图 3-4-2

图 3-4-3

图 3-4-4

图 3-4-5

图 3-4-6

单 元 教 学 导 引

目标与要求

　　建筑的外部形体和内部空间是一个有机整体,室内设计和建筑设计应在同一构思中同步进行。现代建筑室内设计是对特定建筑实体进行内部空间再创造的过程,它充分运用视觉环境处理手段,进一步地解决了室内空间的功能问题和美学问题。因此,应对室内空间尺度的把握、空间的布置、处理手法等有深一步的认识和了解,掌握空间组织、结构处理、界面处理的基本方法。

　　办公空间设计的表现,需要将具体设计对象结合相关的色彩学知识、采光照明以及室内绿化和家具设置来考虑。办公空间设计中对环境空间的把握、灯光、色彩以及绿化的运用都显得非常重要。办公空间应注重气氛的营造,其风格特点、材料质感的选择、空间的布置,都应进一步体现设计风格,并且满足功能需要。

重点

　　教学中应使学生充分认识到本单元教学课程的重要性,应针对办公空间尺度的把握、空间的布置和处理手法等着重讲解。根据需要,教师可提供一定的资料进行示范分析,同时强调创造具有设计理念的办公空间形态,并能分别在空间的尺度、平面和立面上予以把握。而空间载体应明确该空间的功能活动、格局和丰富的室内景观形象。着重解决办公空间设计中的色彩运用及办公空间设计中的自然采光和人工照明问题,引导学生根据办公空间的特点正确地配置绿化和选用植物。

注意事项提示

　　通过本章节的学习,使学生注重进一步学习理论方面的同时,引导学生进入设计概念的理解,为下一步具体设计打好框架,并注重学生创造性思维的培养。在教学过程中,学生不仅应该在理论层面上把握办公空间设计中形态学的表现方法,以及色彩与办公空间的关系、办公空间中的采光及照明、绿化及植物的选用等,更应该在作业的实际运用中真正地领会、把握。

小结要点

　　本单元重点对办公空间设计方法进行总结,结合作业检查学生对办公空间设计表现的方法是否准确掌握,并对成功和失败的作业进行具体评讲。总结学生设计作业的创意构思时,除肯定创意的新颖、独特外,更应关注设计是否遵循本章节所讲授的原则。本单元小结由教师系统总结,针对每位学生的不同情况,总结时应采用不同的方式方法进行交流,要求学生通过本章节的学习,也做出学习总结。

为学生提供的思考题:

室内色彩与性格如何表现?对各民族的传统色彩的理解与认识?

什么是机能性照明、装饰性照明?

绿化及植物在办公空间中的作用有哪些?

学生课余时间的练习题:

可选择一个中型办公空间,为其设计功能较完整的办公空间,按照教学中讲授的形态学方法、色彩与办公空间的关系等原则与准则进行。

可选择一个具有鲜明地域特色的办公空间(藏、羌风格),按照教学中讲授的原则与准则进行设计。

为学生提供的本单元的参考书目:

《公共空间设计》 郑曙旸 新疆科学技术出版社 2006年4月

《办公空间设计》 弗朗西斯科·阿森西奥·切沃[著] 中国建筑工业出版社 1999年10月

本单元作业命题:

开敞式办公空间室内设计

作业命题的原由:

　　本教学单元与上一教学单元紧密相关,是上个单元的延续。上个单元的办公空间设计方法及规范已为学生打下了基础,加之本单元的设计表现及室内色彩、照明、绿化,使办公空间设计更加细化。开敞式办公空间相对面较宽、涉及内容较广,故以此为作业命题。

命题设计的具体要求:

1. 必须以上一单元内容为基础,加入本单元所讲授的内容,以实际工程为佳;

单 元 教 学 导 引

2.作业统一以2号图纸完成功能分区、流线分析、重点景观分析、总平面图、剖立面图、铺地平面图、效果图及工作体量模型。

命题作业的实施方式：

作业实施方式以小组形式进行，以3~4人为一个小组。

作业规范与制作要求：

作业大小为2号图纸，方案分三阶段完成（方案草图、正图草底、正图），设计方案经任课教师认可后绘制正图，正图用徒手方式完成。

单元作业小结要点：

设计作业功能是否合理，构思是否独特，是否具有一定的原则性。表现手法运用是否充分，色彩运用是否成功，是否发挥了色彩独有的情感攻势。照明设计是否能与特定的办公环境相结合，植物选择是否合理。

为任课教师提供的本单元相关作业命题：

1.商务办公室，16人坐，假设为一个开敞式办公间，两边有窗，注意开门的位置；

2.酒店会议室，30人坐，假设该会议室从走廊进入，走廊另一侧为开窗。

第四教学单元

办公空间发展趋势

一、另类办公方式

另类办公方式是一种观念上的重组。当社会朝着多元化发展，新的、非传统的办公行为模式，在一段时期内很可能将与传统的办公方式并存，不同的办公方式相互补充。（图4-1-1、图4-1-2）

（一）家庭办公方式

由于电脑、通讯等现代手段的运用，一些企业或公司中的部分人员可以在家中完成全部或部分工作，因此，家中需有专用的工作室或房间中的局部办公空间，并配备办公用设施，且能与企业或公司具有可靠的信息联系。（图4-1-3、图4-1-4）

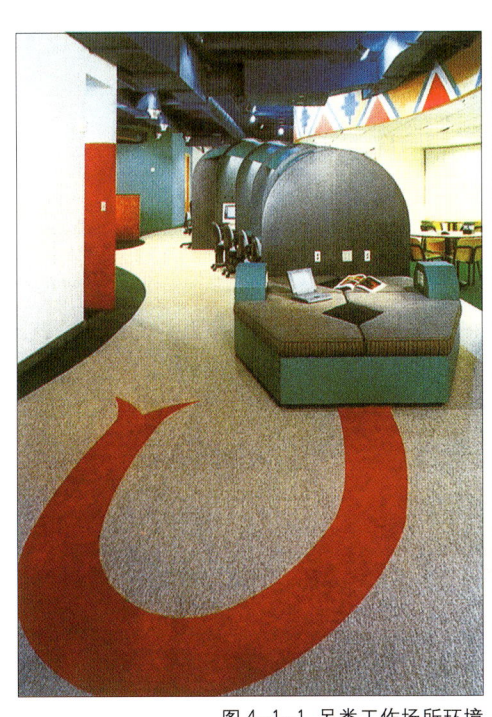

图4-1-1 另类工作场所环境

图4-1-2 另类办公场所

图 4-1-3

图 4-1-4

图 4-1-3、图 4-1-4　家庭办公空间

（二）旅馆办公方式

　　旅馆办公方式是指办公人员通过事先联系或到达时通过登记预订办公桌位及设备，经办公楼服务台的工作人员对办公桌位、设备及用房进行管理和分配后，被指定到一个小型的底线得分空间（隔断或者带有连接能力的柜台式的区域）进行工作。人们对于一个空间的需要只是1~2个小时，在约定的时间段内，都可以使用这些空间，通常旅馆办公空间是一种灵活、便捷的办公形式。（图4-1-5、图4-1-6）

图 4-1-5、图 4-1-6　旅馆办公空间

图 4-1-5

图 4-1-6

(三)轮用与客座办公方式

轮用办公方式是外勤人员按"先来先用"的原则使用企业或公司的办公室和办公桌位,一待空闲时即安排后来人员使用。客座办公方式则是由两家企业或公司之间商定,一家企业或公司的办公人员可使用另一家的办公室办公。

上述办公行为和办公方式的出现引起办公观念的改变,也必然在建筑空间组织、办公空间布局、办公设施配置上带来不少新的要求和问题,其中一些办公方式具有充分利用和节约办公空间,节省投资,减轻办公人员上下班时的劳累,使其适应弹性工时的实施的作用,从而提高办公效率。但也可能产生企业与办公人员之间的联系削弱,相关办公人员间的交往联系减少,增加企业管理的难度,减弱企业保密和安全保障等负面效应。

二、新型办公空间

(一)景观办公空间

景观办公空间最早兴起于20世纪50年代末欧洲的德国,它的出现是对早期现代主义办公建筑忽视人与人之间的交流的倾向,具有单纯唯理性观念的一种反思。

景观办公空间具有工作人员个人与组团成员之间联系接触方便,易于创造感情和谐的人际关系和工作关系等特点。景观办公建筑是一种相对集中的、有组织的、自由的管理模式,它有利于发挥办公人员的积极性和创造能力。其特点具有随机设计的性质,完全由人工控制环境,工作位置的设计反映了组织方式的结构和工作方法。屏风、植物和储藏用的家具均可用于划分活动路线,确定边界,并区别工作小组。(图4-2-1)

(二)智能办公空间

智能办公空间一词最早出现于1984年美国康乃狄格州的都市办公大楼的建设中。该大楼的设施由联合技术建筑公司设计,并以当时最为先进的技术承建并安装

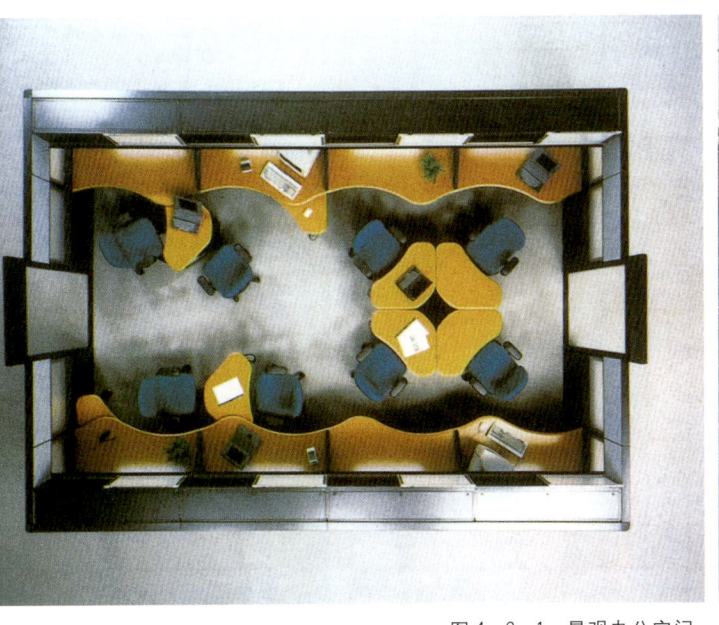

图4-2-1 景观办公空间

图4-2-2 智能办公空间

了室内空调、照明设备、防灾设备、垂直交通以及通讯和办公自动化设备,并以计算机与通讯及控制系统连接。随后日本也相继建成了安田大厦、NEC总公司大楼等智能型办公大楼及智能室内办公空间。(图4-2-2)

智能办公空间通常具有三个方面的设施性能特征与系统配置。首先具有先进的通讯系统,即具有数字专用交换机及内外通讯系统,并能方便地提供各种通讯服务。先进的通讯网络是智能办公空间的神经系统。其次是具有办公自动化系统,即OA系统。主要内容为每个工作成员都可以用一台工作站或终端个人电脑,通过电脑网络系统完成各项业务工作。同时通过数字交换技术和电脑网络,使文件传递无纸化、自动化,并可设置与会成员不在同一地点的电子会议室(远程会议系统)。OA系统的办公秘书在工作时往往通过计算机终端、多功能电话、电子对讲系统等来操作运行。再有就是建筑自动化系统,即BA系统。通常包括电力照明、空调卫生、输送管理等的环境能源管理系统,防灾、防盗的安保管理系统,能源计量、租金管理、维护保养等的物业管理系统,以上通称智能化办公空间的"3A"系统,它是通过先进的计算机技术、控制技术、通讯技术和图形显示技术来实现的。(图4-2-3)

智能型办公楼必须具备以下基本构成要素:高效率的管理和办公自动化系统;先进的计算机网络和远距离通讯网络;开放式的楼宇自动化系统。

面临信息社会、后工业社会的到来,智能型办公空间环境设计的核心,是确立"以人为本"的观念,充分运用现代科技手段,并且重视借景于室外、设景于室内的理念,设置易于和人们沟通的绿化与自然景观,创造既符合人们心愿又具有高科技内涵,安全健康、舒适、高效的现代室内办公环境。

图4-2-3

图4-2-4

(三)移动办公室

移动办公室,即公文包里的办公室。当你在路上的时候,可利用公文包、轿车、宾馆的房间或者在大街上工作。这种办公室的优点是灵活性强,看上去总是拥有最先进的技术,而且显得更有组织条理。缺点是缺少亲密关系,如没有地方给家里打电话,在路上容易意外丢失技术产品,在技术上要进行必需的投资等。(图4-2-4)

(四)共享办公室

共享办公室即共享桌子和共享指定。共享指定这个词,是用来表示在同一时间或者不同的时间段进行工作的两个或者更多的员工,被指定使用同一张桌子、同一个办公室或者同一个工作站的工作情况。优点:节省房地产费用,迫使工作者团队之间的沟通。缺点:如果共同的使用者之间互相不喜欢的话,则会引起他们之间的仇视,卫生方面条件较差,工作岗位狭窄,容易因混淆而丢失文件等。(图4-2-5)

(五)飞机座舱办公室

飞机座舱这类小型办公室,为不愿受到干扰的"埋头"工作的人和需在打电话时提供听觉方面的私密性的人设计的。同时,它被称作一个"超级电话亭"或者一个"亭子"。优点:它是对空间起杠杆作用的非常好的方式,给员工们提供听觉和视觉上的私密性。缺点:员工们趋向于躲藏在这些小办公室里,有时办公室在对于团队协作或者两个人使用的时候显得过于狭窄。从文化的观点考虑,这类空间也许会被看做是"吊儿郎当"的地方。(图4-2-6、图4-2-7)

图4-2-5

图4-2-3 智能办公空间
图4-2-4 移动办公空间
图4-2-5 共享办公空间
图4-2-6、图4-2-7 座舱办公空间

图4-2-6

图4-2-7

单元教学导引

目标与要求	本单元有以下几个教学目标：了解现代办公空间设计发展的新趋势，对另类办公空间设计的种类及新型办公空间设计的方法和优、缺点有所了解，这些都是学生应该具备的专业素质，是本教程不可缺失的重要环节，是对原有办公空间设计的深化和补充。实现这些目标，才能使学生具备一个设计应用型人才的专业素质，使学生今后能较好地适应就业岗位的专业要求。 解决传统办公空间设计中的浪费。引导学生正确认识另类办公空间——不管办公室功能会如何的机能不良，必须承认它的有些功能是不能被轻易地取代的。它是一个空间结构的焦点——共享资源和共享经验的公共场所，学生应该认真领会、把握。
重点	由于教学总学时有限，教程本身架构又必须完整、合理。所以任课教师需确定一个重点把握的内容。本教学单元的重点是现代办公空间的发展趋势及另类办公空间设计的种类及优、缺点，任课教师应该讲深讲透这一重点，学生也应该重点予以把握。
注意事项提示	任课教师在讲授现代办公空间发展趋势及另类办公空间设计种类时，为了使学生理解把握，应多收集相关内容的成功范例作品，并结合作品进行讲授，才会获得很好的教学效果。由于另类办公空间设计种类很多，学生在做作业时不可能逐一尝试，只能选择其中一二，但任课教师可鼓励学生用不同种类进行设计，这样全班学生将能见到多种类型的设计作品。
小结要点	学生的学习热情及主动性如何，对课程内容的重要性是否有较好的认识和理解。由于本单元是一个具有较新理念的单元，学生接纳时承受力如何，能否较好的了解另类办公空间的种类及现代办公空间的发展趋势。学生对另类办公空间设计是否有初步的理解，教师可在这方面加以重点总结。

为学生提供的思考题：

什么是另类办公方式？

什么是活动背景设置？

景观办公空间的特点是什么？

学生课余时间的练习题：

设计会议报告厅，并运用于本章节所讲授的内容，在设计作品中得到体现。可以以小组为单位完成，尝试用不同的表现方式进行设计。

为学生提供的本单元的参考书目：

新型办公空间设计 [美] 马丽莲·泽林斯基 黄慧文译 中国建筑工业出版社 2005年7月出版

本单元作业命题：

某金融机构办公空间室内设计（综合练习）

作业命题的原由：

金融机构办公室具有综合性强、空间宽泛等特点，适合运用不同表现形式进行设计，可将几个单元内容综合使用，使学生尝试整体设计过程。

命题设计的具体要求：

在新颖、创意的构思基础上，运用新型办公空间设计手法，强化不同表现手法的独特魅力。设计形式突破原有建筑形式，提取建筑及周边环境的相关元素，可对原建筑总平面做适当调整。

命题作业的实施方式：

学生以个人形式，单独完成作业。

作业规范与制作要求：

作业大小为1号图纸，电脑绘制、手绘均可。图纸工作量：功能分区图、流线分析图、建筑总平面图、铺地平面图、天棚平面图、剖立面图、大样图、透视图、工作模型。

单元作业的小结要点：

构思是否新颖、独特，功能分区是否合理，是否具有一定的原则性和可行性。表现手法运用是否充分，室内色彩运用是否成功，图面布置是否新颖别致，视觉冲击力是否较强。

为任课教师提供的本单元相关作业命题：

1. 公共设施服务中心：一个接待员居中，供8人等候、有6个接待站的区域，再分别设计12人和20人等候的区域。假设该空间位于一层，有通向室外的出入口，墙面到天棚都是玻璃幕墙。

2. 大学会议报告厅：容40人。可以移动隔墙，分隔为两个讨论室，分别容纳8人和12人。假设该会议室两侧开窗。

后 记

本书的目的意在突出设计基本原理和技巧的应用,即对室内空间设计原理和办公空间设计原则与程序、办公空间设计方法、办公空间设计表现及办公空间发展趋势等作透彻的了解,使设计师具备基本的设计能力。

我要感谢那些著名设计师们,本书借用了来自世界各地的著名设计家的精美作品,有了他们的作品,本书的论点才生动;同时也对阐述该书所涉及的论题起到了指导作用。但由于时间和联系方法等原因无法及时告知每一位作者,为此深表歉意!

本书能够出版,感谢西南师范大学出版社,感谢王正端老师及为本书提供资料的同事和朋友。

本书的编著注入了一些自己的理解和体会,由于水平限制以及时间仓促等原因,不当之处在所难免,恳请读者和同行专家不吝赐教。

邓 宏

主要参考文献:

朱钟炎　王耀仁　王邦雄　朱保良编著　室内环境设计原理　同济大学出版社　2003年6月
李健主编　概念与空间　中国建筑工业出版社　2004年8月
[美]哈德森编著　吴晓芸译　工作空间设计　中国轻工业出版社　2000年10月
李强主编　<空间>享受办公　天津大学出版社　2004年9月
[美]罗杰·易编著　<世界建筑空间设计>——办公空间5　中国建筑工业出版社　2005年3月
[美]马丽莲·泽林斯基　黄慧文译　新型办公空间设计　中国建筑工业出版社 2005年7月
王建著　室内设计学　艺风堂出版社
蔡镇钰主编　建筑设计资料集4　中国建筑工业出版社　1994年6月